马传新 ◎ 编著

老花匠的养花笔记

中国农业出版社
北　京

前言

“怅然回忆家乡乐，抱瓮何时共养花？”我在农村长大，上大学后才离开家乡。童年时，母亲就特别爱养花。她在菜园子里种过黄花菜、金银花、鸡冠花、凤仙花、草珠子；在院子里栽过石榴、栀子、月季、菊花等。黄花菜、石榴当作食物，其他花卉用于观赏、药用、装饰。凤仙花可以美甲，草珠子能做成手串、窗帘、念珠。农村的花草给我带来了不少乐趣，也让我留下了美好的记忆。

“栽花不如栽石榴”“栀子花开满院香”。那时的农家人注重实惠，石榴和栀子就是养花的首选。它们既是优雅的观赏花卉，又是较好的经济作物。石榴树花艳果甜，栀子花浓香袭人。我读中学时，母亲和妹妹曾经不止一次地上街卖过栀子花，5 分钱 2 朵。我家的几棵栀子花树很大，花期每天都可开出百余朵大花。花朵冰清玉润、浓香四溢，很是诱人。一次赶集至少可有三四元所得，我那时住校的每月伙食费也就 6.6 元。我父亲当时在城里工作，有时会将兰花、含羞草、十样锦等花卉带回乡下，邻居们常来过目。离休之后，他也乐于寄情花木。我的兄嫂在园艺场工作，从事育苗、嫁接、果树修剪工作 40 年直到退休。

养花是一种心情，也是一种修养。喜欢花木的人，多半会对自然怀有敬畏之心，对绿色环境充满爱意。人养花，花也养人。花木是有灵性的，付出总是有回报的。我本人向来爱花、养花，在职时事情多、住处小，只能在阳台上小打小闹。退休之后，有了充裕的时间，但不可躺着、闲着，空生白发，仍需求知、求技。每逢花展、苗交会、养花讲座，我总会到场。花市、苗圃、植物园、花木基地，也是我常去的地方。退休后，由于我的居住条件得到了很大改善，又有了一个较大的露台，我便营造起自己的空中小花园。目前露台上建有3个花池，栽植的花木有30多个品种，一年四季花开不绝。初夏时节，栀子、茉莉、白兰、米兰、百合、九里香、四季金银花等近10种香花齐放，室内外芬芳弥漫，令人心旷神怡。

“祖国城市家，心中三朵花。”国家强盛，人民幸福，如今养花种树的人越来越多。花朵是天地的造化，人间的尤物。养花具有观赏、美化、环保、药用等多方面的价值。养花还能怡情养性，美化环境，让人诗意地栖居。有绿色的地方就有希望，有花盛开的地方便是诗和远方。养花种树是我们民族的优良传统，各家的小绿小美汇聚起来，就能成就都市的大绿大美。合肥是国家首批园林城市，作为其居民，理当为进一步打造绿色人居环境尽力。“城在绿中，房在园中，人在景中”，城里人的美好愿望正在逐步实现。但愿有更多的人能为我们的祖国大花园增姿添彩！

“孤之有孔明，犹鱼之有水也。”本书编写过程中，得到了中国农业出版社的大力支持，责任编辑郭晨茜不断给予悉心指导。资深摄影家杨贤兵、余树球、张筱云先生特地为我提供了不少精美的花卉倩影；北京的袁英明教授、董大蓉研究员为我拍摄了丁香花、锦带花；扬州的董祥国先生给我发来了琼花、芍药的图片；潍坊的王培昌先生与我分享了他的温室养花经验；合肥市蜀山区的园林专家王涛、安徽农业大学的杨维环先生、江苏省科学传播中心徐阳先生以及媒体朋友给了我热情的鼓励和支持。在此，我谨表示诚挚的谢意！

“文章千古事”“疑义相与析”。我养的花很多，做好养花笔记是必须的。每种花的栽培时间及所用植料、肥料和药物等，都有记载。花木的扦插、萌发、现蕾、开放、持花时长等生长情况，也都细细标注。这样做的好处是积累经验，掌握好花卉的习性。同一品种的花，我一般是栽植2棵，分别以不同的方式进行管理，这样可以更好地进行比较。本书编写，历时4年，修改不断，可谓“得失寸心知”。园艺事业发展较快，花卉品种日渐增多，需要学习和探究的问题不少。我不是专业的园艺工作者，见识不多，水平有限。书中的错误或不当之处在所难免，敬请园艺专家和读者朋友不吝赐教，我将愿闻其详。

马传新

2021年8月

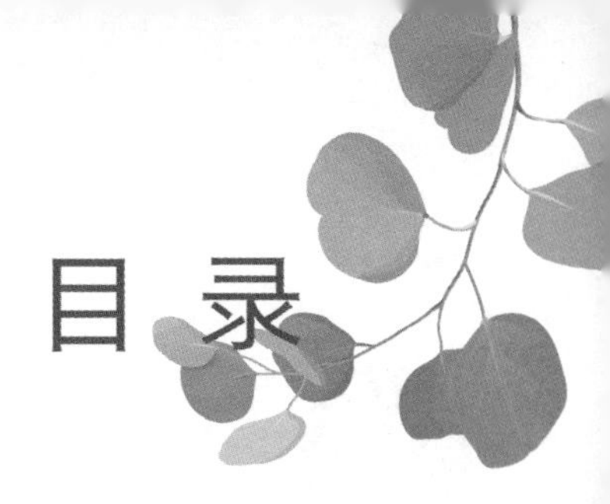

目录

老花匠的
养花笔记

基础知识

Part 1

水与浇水

活不活在于水，好不好在于肥。浇水和施肥是养花成败的关键。养花种绿，水是最难把控的。要靠自己的实践经验积累，不断摸索，灵活掌握。“浇水三年功，一点不扯空。”学会了浇水，养花就算入门了。

适合浇花的水

含钙、镁可溶性盐较多的水，叫硬水。不含或者仅含少量的钙、镁可溶性盐的水，为软水。软水所受污染少，不含有毒物质，而且富含氧气和营养物质，有益于养花。除了干旱地区的一些花卉，如仙人掌类，其他绝大多数的花卉都是喜欢软水的。

适合浇花		不适合浇花
雨水	★★★★★	泉水、井水
雪水	★★★★★	
塘水（水塘中含有水草或青苔）	★★★★	洗衣水、洗碗水
河水、湖水	★★★	
鱼缸里的水	★★★	其他受污染的水
淘米水（需经过发酵）	★★★	
茶叶水（去掉茶叶，放置几天）	★★★	

注：★表示推荐指数，其个数越多推荐指数越高。

自来水

城市人家养花，如果能收集到雨水，那是最为理想的。但实际上，还是自来水较常用。自来水中含有氯气，若气味较重，应放置一两天再用。未经存储，直接使用问题也不大，因为氯气含量毕竟不多，对植物几乎不构成危害。花市里使用的都是自来水，而且是随用随放的，因为他们是卖花的而不是养花的，怎么方便就怎么办。

自来水一般是偏碱性的，尤其是北方地区，不妨注意看看水瓶口或者花盆底部的接水盘，我们常能见到一层白色的碱性结晶物质。而雨水的pH约为5.6，呈微酸性，非常适合养花。

自来水偏碱性，用其浇花会加速土壤板结。因此，喜酸性花卉离不开硫酸亚铁，需要用它来提高土壤的酸性。但硫酸亚铁也不要频繁使用，可1～2月用1次。一般采用灌根的方式，当然喷施也行，但浓度需比灌根的低。

淘米水

淘米水到底能否不经过发酵而直接浇花呢？现在的大米加工已经和几十年前不一样了，为了彻底去除米粒表面的米糠、增强光洁度、延长存放期，便增加了“抛光”工艺，这样自然会丢失一些营养物质，所以现在的淘米水不像过去那般浑浊了。有些人确实是直接使用这样的淘米水来浇花的，不管是草本还是木本，但结果并没有把花浇死。可发酵的物质少了，即使在土壤中发酵生热、产生一些有害气体，也不足以“烧根”。

淘米水中含有淀粉、维生素、微量元素等，是很好的农家肥源，但还是经过发酵为妥。为了增加肥力、缩短等待时间，可以在水中加点果皮以及生物菌剂，这样几天之后就可以放心使用了，用不着那么急。

茶水

喝剩下来的茶叶水，将茶叶去掉，放置几天，可以用来浇花。红茶、乌龙茶的茶汤酸性略微大于绿茶。可单独发酵后浇花，也可将茶水与淘米水、果皮放在一起发酵后再浇花。

浇水的原则

花死了，多半是浇水不当所致。新手养花，其花因浇水过多而死的较多；老手养花，因干旱而死的较多，因为他们不会浇水过量，大多是忘记了浇水，或者养花太多而遗漏了一些。给花浇水是一项技术活，说起来简单，做起来却很难。“见干见湿”“干透浇透”，这只是一般的泛论而已，并不适合所有花卉。浇透好理解，但什么叫干透呢？若真的干透了，那肯定对植物有害。“有水而不湿，缺水而不干”，这才是最为重要的。

见干见湿

“见干”是指表层土壤干，而绝不是盆土全干；“见湿”是说必须浇透，就是要保证盆土中下部的根部有足够的水分，但也不必浇漏，那样会流失一些肥土。杜鹃、山茶、月季、栀子、米兰等喜湿润而又不耐大水的花卉，要保持“见干见湿”的状态，见盆土发白时就浇水，浇到湿润即可。不要等到盆土干透了才浇，也不能浇大水。要做到盆土有干有湿，既不可长期干旱，也不可经常透湿。

干透浇透

“干透”是指盆土的中上层都干了，泥土的含水量很少了，但是还有一些。这是针对那些特别耐旱的花木而言，比如仙人掌类、松科植物等。这类花木，少浇水是死不了的，多浇水反倒会出问题。如蜡梅、梅花、长寿花、大丽花、天竺葵等喜干怕涝的盆花，要按“干透浇透”的原则浇水。要等到盆土上层全部都干了，才能浇水。

Q&A 疑难解答

怎样判断盆花需要浇水？

观察盆土表面情况，或用手指敲击盆体听响声（声音清脆表明缺水，声音沉闷表明水分足够），也可用白色的一次性筷子直插盆底，等上一会取出，再细看筷子上泥土的湿润程度。推荐使用土壤检测仪，可及时了解土壤的干湿度、酸碱度等。浇水之前，要进行松土，并要弄清土壤的实际墒情。有时看上去盆土表面已经干了，但是盆土2厘米之下还是潮湿的，此时就不要浇水。

3种常见浇水方法

缓慢浇水

浇水不宜采取冲灌式，应徐徐而入，以避免皮毛水、半截水。为了能让盆土浇透，有时还需要再浇1～2遍。花苗上盆时如果填充的全部是干土，往往是一次无法浇透。

喷水

喷水的优点，一是不易过量，二是容易浇遍、浇透。

给某些花卉的枝叶喷水，能清洗尘埃，有助于植物呼吸，同时也能防止病害。喷水时，叶片的正反两面都要顾及。温度在15℃以下时，可以喷雾，以减少用水量。刚栽的花或扦插的花，根部吸收水分的能力差，必须注意给枝叶喷水。

浸盆法

浇水也可采用浸盆法。就是将盆花放入盛水的桶或盆里，让水分从花盆底部排水孔慢慢渗入盆内。中小型花盆比较实用，盆太大则操作不便。这种浇水方法，优点是能解决浇水不透的问题，也能避免盆土的表面受到冲刷。缺点是不容易控制进入花盆的水量，有可能造成水分过多。

如何浇水

湿度

盆土的湿度和空气的湿度，不是一回事。气温高的时候，还应给花盆外表及周边地面喷水。露台和阳台铺有地砖的，为了防止夏季地面的热辐射，不妨将花盆垫高一些，或在盆周放些水或者是潮湿的毛巾、地垫等。比较讲究的养花人，夏季会在某些花盆的盆托下面再放一个托盘，盘中放上水以及用来支撑盆体的石块，这也是为了增加空气的湿度。

不同花卉对空气湿度的要求不同。兰花、杜鹃等，要经常保持在60%～80%，甚至是90%。龙舌兰等要求空气相对湿度约40%。一般来说，花卉在营养生长阶段对湿度要求较高，开花期则较低，结实和种子发育阶段为最低。

浇水技巧

不同花卉浇水要求不同。菊花、栀子等，一般不要在晚上浇水，这是为了防止徒长。郁金香、朱顶红、风信子等球根花卉要少浇水。草本多浇，木本少浇。孕蕾多浇，开花少浇。叶多质软的多浇，叶小有蜡的少浇。苗大盆小的多浇，苗小盆大的少浇。花盆透气性好的多浇，透气性差的少浇。

在生长期，有些花卉要宁湿勿干，如菊花、金橘、月季、洋杜鹃、金银花、栀子等。有些则应宁干勿湿，如蜡梅、梅花、兰花、多浆植物等。

■ 按照需水量不同将花卉分为五大类

定义	代表花卉
这类花卉由于茎、叶、根均有发达的、相互贯通的通气组织，适合在水中生长	荷花、睡莲、凤眼莲、王莲等
这类花卉因长期生活在潮湿的地方，有较发达的通气组织，因而形成了耐湿怕旱的特性。它们根系通常不发达，叶片薄而软，因而抗旱能力差	秋海棠、水仙、兰花、菊花、美人蕉、龟背竹、虎耳草、马蹄莲等
多数花卉属于中性花卉，其根系和传导组织都比水生和湿生花卉发达，其体内缺乏完整的通气组织，因而不能在积水的环境中正常生长。它们对水分较敏感，盆土过干过湿都不适合	茉莉、米兰、扶桑、君子兰、月季以及一二年生的草花和宿根花卉等
这类花卉的叶片多呈革质或蜡质，或叶片上具有大量茸毛，枝叶呈针状或片状	白兰、山茶、天竺葵、蜡梅、梅花、吊兰、文竹、六月雪等
这类花卉能忍受土壤和大气的长期干旱，并能维持自身水分平衡，特点是能耐旱保水、怕水涝，水分多了易烂根	玉树、芦荟、昙花、仙人掌、燕子掌、虎尾兰、长寿花等

四季浇水

春

开春时，盆花从室内转移到室外，是有一个适应期的，然后才能正常生长，所以这个阶段浇水不能多。春季到来，气温逐渐回暖，万物复苏，但温度易忽高忽低，应注意天气变化。

夏

夏季，通常每天要浇2次水。第一次在早晨或上午，第二次在日落前后，甚至还要更晚一些。若手摸花盆外表有温热感，就不要急于浇水。有的花卉处于遮阴处，中午浇水也没问题。

为了减少水分蒸发，宜在盆土上放置一些干草、树叶、水苔、松针等保湿透气的材料。

秋

有些花木，必须进行控水。夏末秋初，蜡梅要控水，土壤过湿不利于花芽分化。三角梅在开花前的1个月内，一定要尽量少浇水，叶片略显萎蔫时浇水不迟，否则枝条会越长越长，但就是难见花影。

冬

冬季要少浇水，但是也不能不浇水。有时室外的耐寒花木死了，这并不一定是冻死的，很可能是干死的。冬季室内使用火炉、电热器等取暖，或者是开了暖气，这时的空气湿度连30%都不到，这对屋内的喜湿花卉显然是不利的，所以要经常喷水，还要注意适当开窗通风。风太大时，不要开窗。

Q&A 疑难解答

夏季盆土并不缺水，但却出现嫩叶和花蕾发蔫怎么办？

这是因为光照太强，蒸发作用过旺，而根部所能吸收的水分跟不上枝叶挥发的水分，因此植株大量失水，造成萎蔫。处理上述问题，一是要保持盆土透气，要保证浇水通畅。二是要注意遮阴，不要让其暴晒。中午不能补水，早晚浇水时要浇透，还要给枝叶喷水。

移栽后如何浇水

移栽植物时第一次浇的水称为定根水，它的作用是让植料和根系更好地结合，同时能保证植株不被干死。

浇水时最好用喷壶，徐徐灌入，必要时可分两次进行。新栽的植物根系吸收能力差，一旦有积水就会烂根。

通常都是在花木栽好之后立即浇水，但这不是绝对的。植物烂根时就需要翻盆，先将植株取出洗净根须，经过修剪后再放进含有消毒剂和生根剂的溶液里浸泡半小时，然后取出晾干根部后重新栽植。这种情况下，定根水就不宜立即供给，而应该等上三五天再进行。

浇定根水的注意事项 TIPS

一是要浇透，二是不能有积水，三是要注意浇水的时间。

浇花的水温

盆花浇水时的水温应与土温相接近，水温与土温的温差不要超过5℃为宜。冬季要稍高些，夏季稍低些。若水温与土温相差很大，则会对根系造成影响。水温低又要急用时，可以加点热水。反之，掺点凉水。若先前已经准备好的水和花木同处一个地方，这样的水是随时可以取用的，因为水温和气温相差不大。高温晴热的日子，容器里的水要等降温后才可使用。

雨天水分控制

大雨或连续阴雨天，最好将花盆放倒，防止积水。水越多，盆土里的空气就越少，花木会被闷死。水浇得过头了，应将花盆放到有阳光或通风良好的地方，使水分尽快蒸发，避免植物窒息。

肥与施肥

肥料可以给作物提供养分，也兼具改善土壤的物理、化学性质和生物学性状的功能。谚语说得好：庄稼一枝花，全靠肥当家。活不活在于水，好不好在于肥。养花不施肥，白白忙一回。

三大营养元素

植物生长所需的三大营养元素是氮、磷、钾。肥料中含有这三种营养成分的比例不同，产生的肥效也不同。尿素、氯化铵、碳酸铵为氮肥；磷酸铵、钙镁磷、过磷酸钙为磷肥；氯化钾、硫酸钾、硝酸钾、磷酸二氢钾为钾肥。除磷肥外，氮、钾肥都作追肥用。

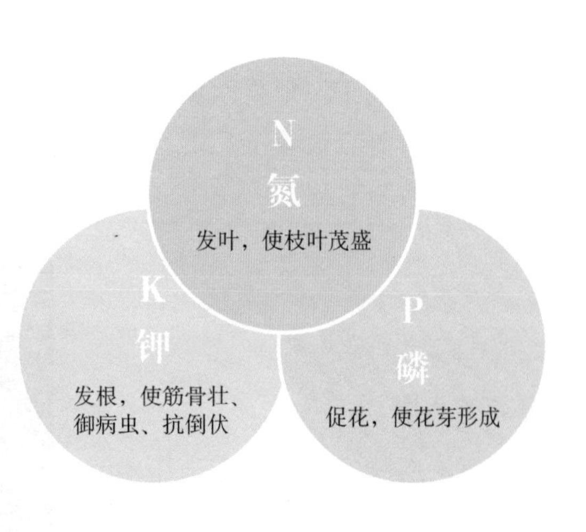

以观叶为主的花卉，如吊兰、文竹、苏铁等，要以氮肥为主，这可促进枝叶生长，并使其色彩浓绿。此外观叶花卉也可以不放底肥。有些花卉长势不良，或者每年萌发的新枝叶较少，如茶花、茶梅等，都要在花芽分化前施一些氮肥。

以观花赏果为主的花卉，所需的肥料种类和用量要多一些。在长叶发枝时，施1～2次氮肥；在花芽分化期，则应施磷钾肥为主的肥料。一年能多次开花的花卉，如月季、茉莉、米兰等，应多施几次磷钾肥。一年中只开一次花的，像茶花、菊花等，在盛花期最好不要施肥，这样可以延长持花时间。

肥料的种类

种类	定义	特点
有机肥料	来源于动植物残体或动物排泄物，如鱼粉、骨粉、油渣、人粪尿、畜禽粪便以及绿肥、厩肥、堆肥等，绝大多数的农家肥料都是有机肥料	所含营养物质较全面，不仅含有氮、磷、钾，还含有钙、镁、硫、铁以及一些微量元素，能为植物提供有机营养和矿质营养，肥效缓慢且持久。使用有机肥料，不会产生过多的盐碱物质或矿物质，从而可以养护土壤，维护土壤的肥力
无机肥料	又称矿质肥料、化学肥料（化肥），用物理或化学方法制成，其养分呈无机盐形式的肥料	与有机肥料相比，无机肥料形态简单，大多能溶于水或弱酸，可被植物直接吸收利用，肥效快且明显，但不持久，长期使用会降低植物免疫力
生物肥料	又称接种剂或菌肥，指含有大量活的有益微生物的特殊肥料	本身不含营养元素，而是通过繁殖、代谢等生命活动，使土壤疏松、泥土里的重金属等有害物质降解、土壤养分充分活化，可提升花果品质，增强植株抗逆性
复合肥料	指含有2种或2种以上营养元素的化肥	养分含量高，使用方便，比单元素的化肥分解慢，所以缓释型的复合肥料适合作基肥使用。使用时，要与根系隔开。作追肥时，要贴近盆沿埋入

养花要少用化肥，在没有化肥的年代，人们的花也养得很好。使用化肥，土壤容易板结，肥水的保持能力会逐渐下降。无机肥料与有机肥料结合使用是最好的，在使用有机肥料的基础上配合使用无机肥料，可优势互补，及时有效地满足花卉在各生长阶段对养分的需求。

我们并不缺少农家肥，只是制作要花点时间。禽粪养分含量比畜粪高，禽粪中又以鸡粪和鸽粪的养分含量最高。禽粪分解过程中易产生热量，属热性肥料，必须经过充分腐熟后才能施用。用作基肥，可将禽粪与花土混合，比例为1 ∶ 20；用作追肥，先在盆土边缘处开环状沟浅埋，然后浇水，直径20厘米的花盆，每次可放150克，不要太多，每月1次。

施肥浓度

无机肥料

施肥浓度宜淡忌浓，特别是无机肥料，使用浓度一般为0.1%～0.2%，切勿过量。如使用的是尿素、硫酸铵等化肥，安全浓度为1%～2%。

有机肥料

有机肥料的肥水浓度一般是1 ∶ 10，吸收能力较差的花木，可多加点水。农家肥浓度稍高一点，问题不大，因为释放较慢。

Q&A 疑难解答

如何施用颗粒肥料？

颗粒肥料要均匀地浅埋在盆土边缘，但不要与根部接触，也可用水将颗粒化开后稀释，然后浇入盆中。

施肥时期

施肥受花卉生育阶段、气候和土质的影响。苗期、生长期及花后均应追肥，以补足营养消耗；高温多雨及沙性土壤，由于淋溶作用，施肥应掌握少量多次的原则；对速效性、易淋失或易被土壤固定的肥料，如碳酸氢铵、过磷酸钙、氯化钾等，宜于需肥期稍前施入，而迟效肥可再提前一些。

夏季雨水较多，要少用液体肥料，多用固体肥料，这样可以避免

叶面施肥

植物主要是靠根系吸收肥料，而大多数情况下，我们给予的根部肥料较多，但是叶面施肥也是不可或缺的。尿素在土壤中要4～5天后才能起作用，但叶面喷施1～2天即可见效。叶面喷施的养分是通过植物叶片的角质层和气孔进入体内的，而叶片的气孔背面的要比正面的多，因此在喷水、喷药、喷肥时叶片的两面都要顾及，甚至下面比上面更为重要。

根外施肥用量少、见效快，被广泛用于保花保果以及促进花芽分化等。在植物根系活力变弱时，采取叶面施肥就更有价值。用于叶面喷施的肥料主要有尿素、磷酸二氢钾、硫酸铵、EM原露以及大部分微量元素肥料等。

并不是所有的花卉都适合喷施叶面肥，比如杜鹃和君子兰以及某些多肉植物，杜鹃叶片上有茸毛，当蒸发条件不好时水肥容易聚集，君子兰的叶心处遇有积水会出现烂叶烂根。叶面施肥应在早晨和傍晚进行，避开中午高温时段可以减少蒸发。花、果、嫩芽处不要喷施。

TIPS

植株缺肥多施，发芽前多施，孕蕾前多施，花后多施，春季多施。肥多时少施，发芽时少施，开花时少施，雨后少施，秋冬少施。徒长时不施，新栽时不施，休眠期不施。

肥料流失。夏季高温时处于休眠状态的花卉，对养分需求很低，不宜施肥，比如春兰、长寿花、君子兰、天竺葵、仙客来、令箭荷花等。月季、栀子、茉莉、米兰、三角梅等则处于生长旺盛期，应薄肥勤施，而且要选用合适的肥料。若是在空调房内，那就另当别论。

一般为早浇水、晚施肥，但在冬季，最好在午后温度较高时施肥。施肥前，盆土要稍微干一些，不可太湿。先要松土，第二天再补水并且浇透。

盆与换盆

花盆的种类

素烧盆

又称泥盆、瓦盆，由普通黏土制坯、晾干、烧制而成，隔热和透气性好，与泥土的亲和力强，非常适合植物根系生长。外观普通且易自行破碎，但目前价格并不便宜。

陶盆

由陶土制成，多为紫砂盆。风格多为中式，排水、通气情况较素烧盆差，较瓷盆略好，价格较贵，多用于名贵花卉。

瓷盆

由瓷土所制，其致密性要高于陶盆和素烧盆，外观漂亮但透气性差，有的养花人会用瓷盆将素烧盆套起来，这样能兼顾透气和美观。

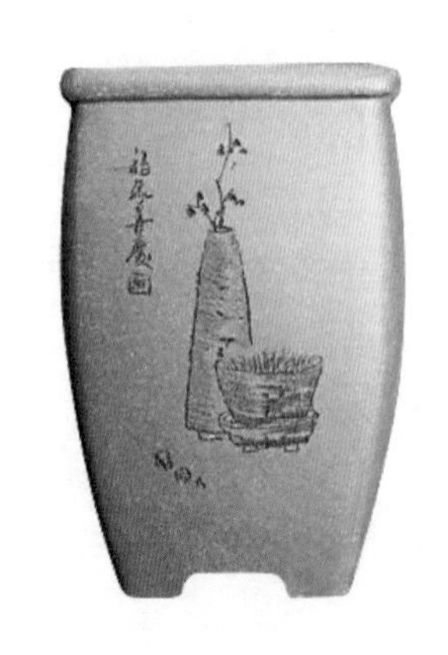

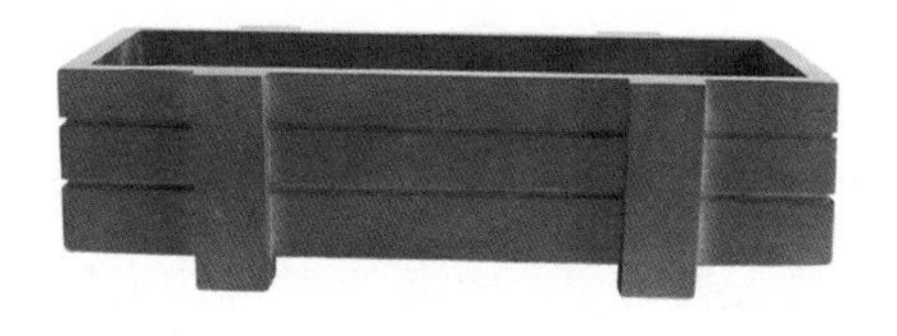

木盆

普通木盆易腐朽产生霉菌等，一般炭化的木盆比较防腐，木盆一般花箱类使用较多，常作套盆。

塑料盆（含树脂盆）

价廉、轻便，但透气性和渗水性都很差。平底且排水孔少的塑料盆不建议使用。加仑盆和青山盆，在设计上作了改进，增强了透水性，底部不是全平的，而是有部分悬空，这样的塑料盆可以使用。由于塑料盆的盆体较深，较适合木本花卉，而大多数草本花卉则不建议选用。

花盆尺寸的选择

花盆的大小

小盆栽植稍大点的花卉是可以的，注意掌握好肥水就行了。但不要用大盆来养小花，这完全没有必要，一来移动不便，二来水分较难把握，容易造成盆土过湿。大盆栽花容易长枝叶，小盆栽花容易长花蕾。长寿花、三角梅等，一定不要使用大盆。花盆是随着换盆逐步变大的，而不是一开始就用大盆。

花盆的深浅

有些花要选用深盆，有的则要用浅盆，这主要是看根系的长短及介质的滤水效果。兰花、牡丹、蜡梅等宜用深盆，菊花、白兰、三角梅等宜用浅盆。用深盆，并不是要满盆放土，盆的底部应该放一层较厚的树皮、果壳、陶粒等物质，用于排水透气。

换盆的时间

刚买来的花，若想换盆，最好等上几天，要让它稍微适应一下新的环境。

换盆的时间，春季最为合适，夏季最不相宜。若泥团较大，根系不易损伤，那就没有季节的限制了。夏季移栽较大的花木，可以在泥土里插进几根塑料管子，便于透气，园林工人夏天栽大树时，就是这样做的。

Q&A 疑难解答

新买来的花盆如何处理？

新买来的花盆，要浸泡或清洗一下，再晒晒太阳。盆土里可以考虑拌点多菌灵、噁霉灵或噻呋酰胺等杀菌剂，这样可以减少病害发生。

换盆的要点

刚买的盆花，一定要放置一段时间，再做换盆等处理。若花修剪得当且一直生长良好，4 ～ 5年不换盆也没关系。我的一棵米兰5年都没有换盆，一直长得很好。若花长势不良或生长过快，株型越来越大，那就必须得换盆了。

带土球花苗的处理

网购的花苗，有的是带着土球发货的，土球用无纺布等包裹，移栽时，尼龙绳之类的捆绑物要去除，但草绳不必剪去。无纺布包裹泥团是为了避免泥土与根系脱离影响存活，这层纱网一般不保留，但若立即去除会使根部泥土脱落，可暂时保留，等日后再做处理。

修根

换盆时，老根和粗根要适当剪去一些，以促发新根。因为老根主要是起稳定以及储存养分的作用，细根才是吸收水分和养料的主角。细根的再生能力很强，换盆时也可稍作修剪。

保证土壤与根系充分接触

上盆时，一定要使植物的根系与土壤密切接触。根系只有在土壤里才能获取养料。栽植时下部泥土一定要压实，上部则要疏松一些。为了避免底部根系悬空，可以先用一些潮湿的泥土将根系的中心部位填实，然后再将植株放进花盆，再充土挤实。盆土一定不能装得太满，否则水肥会漫出。靠近植株的泥土要高于盆沿的泥土，呈馒头状，这样有利于排水和通气，也可避免因施肥和用药不当而造成茎秆损伤。

牡丹、兰花、君子兰等根系发达，处理不当就会有部分根系无法触及土壤，花看上去是活了，且后来也开花了，但花后时间不长就死了。这是由于原来植株体内的营养消耗完了，而根系无法吸收新的水分和养料造成的。

大型花盆的换土方法

花箱、花池等大型花盆的换土是比较烦神的。若整盆换土，一般难以找到那么多的土，而换盆后又担心植株死亡。其实不必整盆换土，可采取半边换土的办法，一年换一半。

换盆步骤详解

1 抓住植株根颈部，将它连土一起取出，若不太好取出，可敲敲盆壁。取出后检查其根系，老根和粗根要适当剪去一些。

2 为了提高排水性与透气性，把花盆碎片、花生壳、丝瓜络等铺在盆底。为了防止盆土流失以及根伸出盆底，盆底可铺一层棉网。

3 棉网上放适量的土后，再把植株放进花盆，然后在周围填土。

5 充分浇水，浇到从盆底流出最佳。这样，可以将花盆中的旧空气排出，通入新鲜空气。

4 一边轻轻敲打花盆，一边填土。土不要填满，留出高2厘米的蓄水空间。注意靠近植株的泥土要高于盆沿的泥土。

花盆的位置

花草的摆放有讲究。不同的花卉对光照需求不同，有喜阴、喜阳之分，要根据每种花卉的习性安排摆放位置。

关于花盆的移动问题，也是很有学问的。花木具有向光性，即植物生长器官受单方向光照而引起的生长弯曲现象。向光性主要指植物的地上部分茎叶的向光性。植物向光生长，可获得更多的光照，这有利于光合作用，能促进植物更好地生长。

室内种植的君子兰、秋海棠、绣球等花卉，十天半月要转换一次方向，避免其扭曲。这种位移是原位进行的，生长环境并没有变化。少数花卉的方向感很强，即使近距离移动也不宜改变原来的朝向。

俗话说，“勤养鱼，懒养花。”意思是，养花不能频繁地浇水、施肥、修剪、挪窝。盆花如无必要，最好不要搬来搬去，尤其是不能改变其生长环境。那样做有不少弊端，诸如落花、碰断枝条、位置不适等。室内的盆花开花了，要是突然搬到室外，半天就会出现问题。

高温高湿季节，容易发生病虫害，为防止传染，盆花不宜放置过密，相互之间要有适当的距离。有些花木的病害传染性很强，相同的盆花或同属植物，若放在一块而且又靠得很近，那就容易被感染。

花盆摆放过密

养护的禁忌

夏季不要将盆花放在空调旁或吹风口处；冬季不要放在暖气旁边或上面，因为暖气温度较高，而且空气又非常干燥。不要轻易地去玩弄花木，若经常去触碰这些花花草草，就相当于在干扰它们的自然生长。

花盆里的生物

杂草

花盆里都会有杂草出现，这到底该不该保留呢？很多人都认为应当全部拔除，因为它们会消耗养料。其实，小草所需的养分是微乎其微的，比较大的深根性杂草才需要去除。小草可以显示盆土的水分、透气等情况，也能防止因下雨和浇水而造成根部的土层移动，所以花盆里寸草不留并不合适。遇到盆土过湿，拔掉一些草，有利于透气，对防止烂根有益。

各种盆景里都有护盆草，这些低矮、密集的小草形态各异，有的还能开花，这既能提高观赏价值，又能起到一定的保护作用。

蚯蚓

有些盆土里会出现蚯蚓，应该怎样看待这个问题呢？农田里的蚯蚓是有益处的，花盆里的蚯蚓就不一定了。盆土里的蚯蚓主要是来自园土，也有的来自购买的未经消毒的营养土。花盆小而蚯蚓多或大，这是不合适的，一来影响根系，二来有些令人恶心。大花盆里有少量蚯蚓，可不作处理。

土壤选择

土壤是地球陆地表面能生长植物的疏松表层，由固体、液体和气体三类物质组成。它具有肥力，并能为植物提供养分、水分、空气以及其他条件。

土壤的成分较为复杂，而且不同地方的土壤成分也大为不同。

我国南方的土壤中铁、铝元素含量较多，它们遇到水就会呈酸性。南方的温度高，土壤中的腐殖质分解快，容易产生酸性物质。此外，南方雨水多并且雨水也是微酸性的。在多种因素的作用下，造就了南方的酸性土壤。常言说，一方水土养一方人。也可以说，一方水土养一方花。花市里的花，多半来自南方，那里的花卉，如栀子、山茶、茶梅、三角梅等在南方的土壤里生长得很好，繁殖时一插就活。

按性质，土壤可分为黏土、沙土、壤土。按颜色，土壤可分为红土、黑土、棕土、黄土等。黏土含沙量少，颗粒细腻，渗水速度慢，保水性能好，通气性能差。沙土含沙量多，颗粒粗糙，渗水速度快，保水性能差，通气性能好。壤土则处于黏土和沙土之间。

山林中的土壤，主要是黑色或褐色的土壤，比较疏松、肥沃，透气性也好，是非常好的酸性腐殖土，如松针腐殖土、草炭腐殖土等。

土壤的好坏可以从土壤的组成（有机质、矿物质、空气、水分）和结构等多个方面去判断。颜色与土壤肥力有关，黑色土壤肥力通常较高。有民谚说，“白土地里看苗，黑土地里吃饭。”

城市里不容易找到合适的土壤，所以换下来的栽花陈土，还是可以继续利用的。先将这些土壤中的杂质去除，暴晒后，加点杀菌剂，再和其他泥土混合使用即可。暴晒可以杀死泥土中的病菌、虫卵以及线虫。若栽花的土壤配制合理，浇水就比较容易。介质疏松通透，就得多浇水，并不会造成因浇水过多而死花的现象。

土壤在使用前，最好能做消

毒处理，消毒的方法也是多种多样的。比如暴晒、混合杀菌剂等。

常见的栽花植料有园土、腐叶土、河沙、泥炭、椰糠、珍珠岩、蛭石、苔藓等。

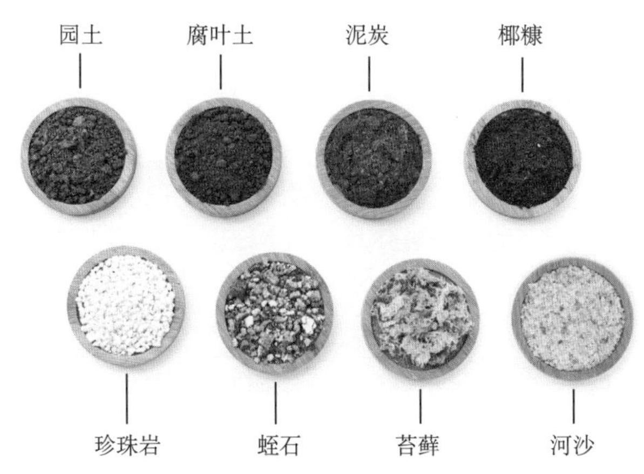

网上出售的营养土，质量很难保证，购买要慎重。有些所谓的营养土，不仅缺乏营养，而且杂质和虫卵、病菌很多，是不能使用的。

有些花卉，如西洋杜鹃等根系细弱，而且大多生长在盆土的上层，所以不宜经常松土。

Q&A 疑难解答

买回的在黄土里生长的花卉需要翻盆换土吗？

若采用盆栽的方式则需要翻盆换土。黄土易板结，不易吸收养分，浇水很困难，少了浇不透，多了又会积水。但换土要有个过渡期，不能很快进行。还要注意要适当保留一些原土，特别是护心土，要在盆土比较干时进行，不能太潮湿。动土时，根系不能受损太重。若黄泥团较大，可以把植株的根部在水中浸泡一会，待泥团松开，去除部分土，然后再种植。若采用地栽的方式，可直接种植。

修剪

花木的修剪也是一个重要环节，它影响花果的多少。对有些花卉来说，确实是“三分管理，七分修剪”。

修剪的基础

修剪的概念

广义上的修剪，包括修枝、摘心、摘叶、剥蕾、疏果、抹芽、剪根等。

修剪主要是进行疏枝和短截，疏枝是剪除内向枝、交叉枝、徒长枝、细弱枝、下垂枝、病虫枝以及枯死枝和萌蘖枝等无用枝，以利于通风透光，减少病虫害的发生。短截是将枝条的一部分剪短，促使其萌发侧枝，以均衡长势，使树形优美，并有利于多开花。

修剪的顺序

修剪的顺序一般是先内后外，先上后下。首先，去掉粗枝，掌握植株的大致构架，再修剪细枝。其次，优先去掉枯死枝等无用枝。之后，从上往下修剪，这样可以一边修剪，一边打落剪掉的枝叶。

修剪的时期

修剪一般可分为生长期修剪与休眠期修剪。生长期修剪不宜过多。休眠期修剪应在冬季或者早春树液尚未流动、树芽即将萌发时进行。月季、菊花等可在冬季重剪。蜡梅、茉莉、樱桃、三角梅等可早春修剪。月季、玫瑰、栀子宜在花谢后及时将残花剪去，枝条也可适当截短一些。耐寒差的花卉，修剪最好是在早春，以避开风寒对伤口的损害。所有修剪均应在晴天进行。

无用枝

平行枝

向相同方向几乎以同样速度生长的枝。阻碍光照和通风，同时考虑到整体美感，需剪掉其中的一根。

徒长枝

指当年长势过于旺盛的少数枝条，表现为直立、节间长、叶片大而薄、枝芽不饱满。徒长枝生长迅速，占据空间大，消耗养分多，因此一般要及时剪除。若是小苗，或者是为了平衡树形，也可以进行短截。

直立枝

垂直向上生长，且生长势强的枝，花芽较少。应整枝剪掉。

下垂枝

向下生长的枝。需整枝剪掉。

萌生枝

又叫干生弱枝，树干上直接长出的弱小枝。按照需要留下或剪掉。

枯死枝

一般需整枝剪掉。若仅枝条前端部分枯萎，剪掉枯萎部分即可。

内向枝

又叫逆向枝，指向植株内侧生长的枝条。阻碍光照与通风，需整枝剪掉。

交叉枝

交叉生长的枝条。考虑树体平衡的基础上，从枝条基部剪掉其中一枝。

细弱枝

在主枝基部等内部生长的细弱枝。不仅阻碍通风，多数还会枯死，需要整枝剪掉。

丛生枝

从树干同一处长出的多个枝条。留下1 ~ 2个向外生长的枝条，其余的都剪掉。

萌蘖枝

从植株根部长出的小枝。一般贴着地剪掉。需要保留多个树干或更新树干时可留用。

修剪的方法

移栽时的修剪

花卉移栽时，宜剪短枝条，去除一部分叶片，因为此时根系吸收能力差，若蒸腾作用太强花卉大多不易成活。即使能够生存下来，生长也很缓慢。植物的蒸腾作用，主要是通过叶片和叶柄，茎的作用要小一些。

疏花、疏果

观果植物若幼果太多，要及时疏除。观花植物，如山茶、茶梅、菊花、芍药、大丽菊等，若花苞过多，也要剪掉一些，内向的、隐蔽的、弱小的花苞必须舍得去除。若肥水能满足需要，适当地多保留一些也可以，只是花朵会小一点。盆栽的茶梅、山茶、蜡梅等，有少量花苞会自行萎缩或掉落，这是难以避免的。

TIPS

有些花苞紧紧挤作一团，最好不要用手去除，而应使用小剪刀，这样可以精准一些，不至于折断枝条或者损伤本想保留的部分。有些花卉，如菊花、杜鹃等，枝条很脆，一不留神就会碰断，所以修剪时要格外小心。疏蕾时，若操作不便，对于拟舍弃的花苞剪掉一半即可。

摘心

摘心也就是去尖、打顶，是将枝条的顶梢去除，阻止顶端优势，促使植株多发侧枝。枝条太高，影响美观，也易遭受风害。菊花、白兰、蜡梅、栀子等，都要摘心，菊花有时还要多次摘心，以促其矮壮。

剪口的处理

修剪工具要锋利

修剪工具要锋利，可避免枝条出现裂口、破皮或断枝。

修剪工具要消毒

修剪工具最好用酒精、硫酸铜等消毒。

注意剪口的位置

剪口应在侧芽上方1厘米左右为宜。修剪时还应注意顶部侧芽应留在枝条的外侧让新生枝条向外生长，这样可以使株型优美，也有利于植株通风和采光。保留的芽眼，必须是饱满的，这样才能长出健壮的新枝条。剪口通常都是倾斜的且与芽点平行，即斜口与芽点的朝向是一致的，这样能够避免积水，伤口愈合也会快些。

剪口涂杀菌剂或愈伤膏

讲究一点的花友，还会在剪口处涂抹多菌灵、百菌清等药剂，或者树木愈伤膏，也可滴蜡或用凡士林封堵。植物伤口的自然愈合过程很慢，而病菌的侵入速度则很快。枝条越粗，伤口越大，越不容易愈合。

在春末夏初进行修剪，由于树液活跃，剪口可不作处理，小枝条的剪口也不需要处置。在严寒或闷热的多雨季节进行修剪，剪口最好能处理一下。

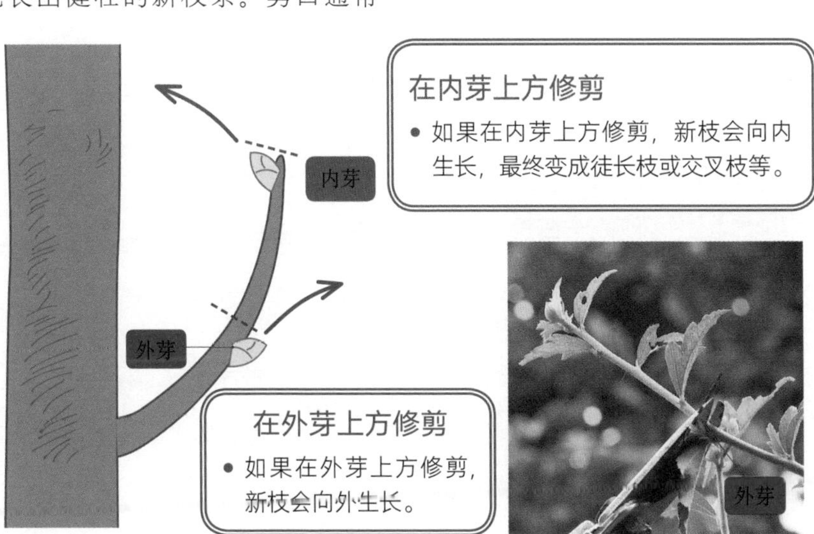

老花匠的
养花笔记

花卉详解

Part 2

牡丹

Paeonia × suffruticosa

别　名　鼠姑、鹿韭、雄红、花王、木芍药
类　型　多年生落叶灌木
科　属　毛茛科芍药属
原产地　中国
花　期　4～5月
果　期　8～9月

温度及光照

喜温暖、凉爽、干燥，忌高温、高湿、烈日，耐寒、耐旱、耐半阴、耐弱碱。

气温在15～20℃时，为牡丹的快速生长期。开花适温17～20℃，16℃以下一般不会开花。花前必须经过0～10℃为期2个月左右的低温状态。温度在25℃以上时，植株呈半休眠状态。地栽牡丹最低能耐−35℃的低温。

"阴茶花，阳牡丹"，牡丹喜光，属于阳性花卉。春、秋、冬三季要接受全日照，在春末和秋初阳光较强时，盆花宜接受散射光。

开花时节，盆栽要放在阴凉处或搬进室内，还需防风雨，这样可以延长花期。

水分

总体上，浇水要遵守"见干见湿，浇则浇透"。牡丹为肉质根，宜干不宜湿，尤其不能有积水，但关键时期也不能害怕浇水。

早春须浇水，且宜早不宜迟，这样可以降低土温，延缓植株萌芽。初春开花前，由于展叶长蕾，生长速度很快，所以要保持一定的土壤湿度，特别是盆栽不能缺水。一旦发现枝叶萎缩、花苞下垂，便要立即处置，先喷水，然后再分2次徐徐浇水，不可一次匆勿满灌。夏季几乎每天都要浇一次水，当然还要看盆土保湿情况。夏天雨水多，要防止积水造成烂根。即使盆土没有积水，但土壤长时间过度潮湿也会造成死苗。因此，要及时松土透气。秋季少浇水。冬季要尽量保持盆土偏干，只要不是太干就不要浇水，这样可避免水多伤根，同时也能增强牡丹的抗寒性。

土壤

喜疏松、肥沃、排水良好的中性或弱碱性沙壤土，酸性大或黏性重均不适合。

露地栽培的牡丹，对土壤的要求不严，只要地势较高，泥土不易板结，控制好水肥即可，但盆栽要用腐殖土，外加火山石等。腐殖土不黏根，养分温和长效。没有火山石，可以用粗沙或陶粒等替代。如能使用牡丹专用土更好。

肥料

新栽的牡丹，要放底肥，底肥上面要覆土，使其与根系隔开。已经种植半年的牡丹，应喷施叶面肥，暂不使用根系肥。种植一年后，可以正常施肥，以冬季的固体肥料为主。2月底前施入充分腐熟的饼肥加畜粪或人粪尿，离根远点，多施一些无妨。

展叶之后到开花之前，喷施1～2次磷酸二氢钾，以促进花蕾发育，但春分以后不可再施肥。花后半月内，要施1次农家肥，可将饼肥、骨粉、草木灰、鱼腥水等混合使用，也可再加点复合肥。这能够促进枝叶生长和花芽健康分化，为下一年开花打好基础。

> 开花前的一个月是最为关键的时期，它将直接影响当年的花情，故必须精心料理，主要是把握好水和肥。
>
> TIPS

夏季不要施肥，那样会损伤根系，不利于来年开花。土壤封冻之前施一次冬肥及冬水，这次的肥水很重要，有利于牡丹越冬。饼肥、人粪尿均可，用量要多一些。专业养花人会浇一些猪头汤，猪血粉也可以，网上可以买到，价格不贵。

上述的几次施肥，是必不可少的。平时一般的施肥，可用缓释复合肥浅埋，每月2～3克，不要太频繁。

修剪

牡丹是先花后叶。其花芽多为花枝的顶芽。顶芽要保留，其余的抹去。牡丹老苗枝条的中、下部也会有几个花芽，若有的枝条太高，形状不佳，或者顶芽发育不良，可将顶芽去除，保留下面的花芽。茎与根的交界处常会出现萌蘖枝，应根据需要适当剪除。若准备以后分枝繁殖，则保留。顶部花蕾下面的叶片，要摘去2～3片，以便养分向花蕾集中。

萌芽前，对过长（高）枝条短截。在出蕾阶段，未见花蕾或明显不能成花的枝条，可酌情剪去。

若只剩下一两根主茎，为了多生枝条，可以在10月将其从根部剪去，然后覆土掩埋，这叫“平茬”。平茬后，第二年开花很少或没有花。

牡丹出蕾，每年的数量不等。如花苞过多，就要进行适当疏蕾。相对较小的、内层的、下位的花蕾，要舍得去除。疏蕾要稍早进行。花谢之后，要及时剪掉残花，从花柄处剪断即可。花下的叶片全部保留，这对枝条的发育是有利的。

中秋节前后，将当年的枝条剪短，只保留下部的2个芽。这样既能控制高度，又能集中营养。

露天大片种植的牡丹，经受的直射光较多，秋季会大量落叶。家庭盆栽牡丹，若接受的散射光比较多，落叶就比较少，有的甚至在小雪节气叶片也不会焦枯，这些叶片不用剪除，可任其在日后脱落。

繁殖

家庭种植通常采取分株繁殖。

病虫害

叶斑病：高温高湿易发生。叶面开始出现浅褐色或红色小斑点，之后逐渐扩大。发病前可喷波尔多液预防，半月1次。发病后可使用多菌灵或甲基硫菌灵等。

黄叶病：叶片逐渐变黄枯焦，先从下部、内部的叶片开始发病。原因很多，如浇水不足、施肥过量、泥土虫害等，应根据情况对症处理。

蛴螬：俗称土蚕，虫体弯曲呈C形，白色或黄白色，头部褐色，会啃食牡丹的根。若发现根部萌生的嫩枝莫名其妙地死去，那很可能就是蛴螬造成的，挖出泥土捕杀即可。

花期过后，要喷几次杀菌剂，此外，病叶要及时清除。

选购

网购或者在流动摊贩处购买极易购买到药用牡丹，而不是观赏牡丹。网上购买时，要注意卖家的信誉度，尽量选择菏泽、洛阳主产地的。

移栽或换盆

牡丹的移栽或换盆，应在9～10月。黄河流域一般是9月，长江流域为10月，淮河流域可在国庆节前后，其他时段皆不甚适合。栽早了，可能引起秋发，影响开花；栽迟了，根部损伤难以愈合。

如果苗很弱，花蕾很小，可索性将花蕾去掉，第一年不让其开花。也可只保留1～2朵，以便看看颜色和品相。

裸根牡丹上盆前，先用清水洗一洗，以便发现枯根、病根时剪除，但护心土要尽可能保留。盆栽的长根要适当剪短，但一定不能修剪过重；地栽的则不必修剪长根，要尽量多保留根系。根部处理好之后，要放进含有消毒剂和生根剂的溶液或泥浆里浸泡20分钟，之后晾干。

花盆应有一定的深度，筒状盆较为合适。盆的底部，一定要有一层透气防积水的材料。入盆时，要细心缓慢。根系要均匀伸展开来，可先在根系间充填一些植料后再入盆。盆土要与根系密切接触，一定不可存在空隙。若盆土湿度大，可以等几天再浇水。

Q&A 疑难解答

观赏牡丹与药用牡丹有什么区别？

观赏牡丹，每片小叶大多分3叉，个别的有4～5叉。药用牡丹长得快，茎秆高，花单瓣，叶片基本上不分叉，3叉的很少。观赏牡丹的枝条粗糙，芽点处略有弯曲，叶间距较小；药用牡丹的枝条光滑，秋冬季脱皮明显，叶间距较大。观赏牡丹的根系发达，须根丰富，分叉很多，分枝是由根部发出；药用牡丹的根系不发达，细根很少，分枝由主干旁生出，呈簇拥状。

更多有关养花的知识！

为何“花开时节动京城”

牡丹，原产我国西北部，人工栽植始于南北朝，发展于隋盛于唐，距今已有1600年了。牡丹的得名，李时珍在《本草纲目》说过。它虽结籽，但根上生苗，故谓“牡”，意思是可以无性繁殖。丹是指红色的根入药为上，不是单指开红花。

牡丹和芍药都是芍药属的植物，两者的名字也常联系在一起，译成英文它们也是同一个单词peony。有时为了避免歧义，会在peony前面加上tree来表示“牡丹”。这花中二绝，人称“君臣花”，牡丹为王，芍药乃相。也叫“夫妻花”，那是由于关系紧密，可互传花粉。牡丹与芍药嫁接，是情投意合，百接百活。还说是“姊妹花”，因为两者花形相似，不看叶子只看花，是很难区分的。牡丹的叶片没有光泽，绿色里略带微黄；芍药的叶片浓绿色，比牡丹的稠密很多。牡丹的顶叶有叶裂，为3～5裂，而芍药的枝顶叶是1个叶柄3片小叶，叶片是完全分开的。简单通俗地说，牡丹的叶片像鹅掌，芍药的叶片似鸡爪。

牡丹是落叶灌木，枝叶挺拔，花朵端庄；芍药是草本，枝柔、叶艳、花媚。人们对牡丹是敬，对芍药是亲。

牡丹并非一定要和芍药同植才能开花、开好花，植物园那样做，一是为了延长花期，二是给人一种意境美。谷雨前后看牡丹，立夏前后看芍药。在江淮地区，花期较早，3月下旬就能见到花了。牡丹花先开，花期一周左右；芍药殿后，同时也“殿春风”，花期稍长。

芍药的栽培历史和得名，比牡丹要早得多，“百花之中，其名最古”。到了武则天时代，牡丹便超越芍药，风骚独领了。

唐代，牡丹鼎盛一时。那时的野生品种，就是一棵棵花树。一簇牡丹，花开百朵，甚至上千，故有“一丛千万朵”之说。个别品种花型大得惊人，花径可达30厘米。有种花妖牡丹，早中晚颜色不同，白日黑夜香味各异。如此奇葩，焉能不看！

白居易在《牡丹芳》里说："花开花落二十日，一城之人皆若狂。"当时，花路如同街市，买花、戴花的人比比皆是，欢声笑语、笙歌之声不绝于耳，那简直就是一个花卉狂欢节。花开时节不去看牡丹，常会遭人耻笑。

刘禹锡的"唯有牡丹真国色，花开时节动京城"的千古名句，奠定了牡丹国色天香的根基。一个"动"字，便把牡丹的地位拔高了许多。

唐朝，是以丰肥浓丽为审美取向的。从存留下来的美女雕塑和图画来看，大多面如满月、颊丰腰圆，其装扮暴露而大胆。女皇武则天和贵妃杨玉环，可视为"丰肥浓丽、热烈放姿"的样板。唐人钟情于牡丹，显然与此花雍容肥艳有关，也与唐代百姓丰衣足食、国家繁荣昌盛相连。那时的长安、洛阳之人，是不将桃、李、杏花当作花的。他们对牡丹则不叫其名，而是直接叫"花"。欧阳修说过，"天下真花独牡丹。"北宋哲学家邵雍在《洛阳春吟》里则说，"桃李花开人不窥，花时须是牡丹时。""落尽残红始吐芳，佳名唤作百花王。竞夸天下无双艳，独立人间第一香。"晚唐诗人皮日休的这首诗，以牡丹谦让百花的风格、艳丽无双的姿色以及大气高雅的风韵等，诠释了牡丹堪称"百花之王"的理由。

牡丹诗，具有很高的艺术性和欣赏价值，它同牡丹花一样为人所乐道。仅唐宋两朝，就有近百位著名诗人赞颂过牡丹，如李白、李贺、元稹、韩愈、李商隐以及陆游、苏轼、辛弃疾、范成大等。

相传，武则天在醉酒状态中下令贬黜牡丹。其实，这不过是写小说编故事而已。冯梦龙等少数文人对女性为皇或者是对武皇帝的某些行为很是不满，便进行恶搞，这与史实是背道而驰的。女子往往比男子更爱花，武后又是情感丰富的人，岂能不爱牡丹呢？她称帝以后，变国号唐为周，改东都洛阳为神都，并曾派人将其家乡文水以及长安的珍稀牡丹移植至洛阳。

唐朝诗人徐凝说得好："何人不爱牡丹花，占断城中好物华。疑是洛川神女作，千娇万态破朝霞。""洛阳牡丹甲天下"，武则天是这一美名的推手之一。

欣赏牡丹花，不仅要看颜色、形状、韵味，更重要的是看花的大小和厚重。若朵儿不大，或者层次单薄，即使色彩艳丽，也算不上什么，因为它体现不出雍容华贵以及王者气象。当你见了某种牡丹，有拍案惊奇，甚至是震撼之感，那么它当属珍品无疑。只有在这样的情景下，你才能彻底明白为何它“百花之王”的地位至今不被撼动。

安徽巢湖边的银屏山，有一株白牡丹。它生于五六十米高的峭壁石缝里，似天外飞来，可望而不可即。北宋的欧阳修很爱牡丹，听不得哪里有珍奇牡丹。他对牡丹很有研究，著有《牡丹谱》。据《巢县志》记载，他曾经目睹此花，并写下了《仙人洞看花》一诗。树，就是那么一棵，花，也谈不上明艳厚重，但它历经千年风雨，始终从容自若，阅尽人间春色。因此，花期一到，观者如潮，无不为之叫绝。

牡丹不属于香花类，但也有香气，属清香，比较淡。但要明白，牡丹“舍命不舍花”，总是尽情倾力地和盘托出，大展真容，愉悦观者。所以它的花期较短，远不如菊花、山茶和杜鹃。白居易在《惜牡丹花》里说，“明朝风起应吹尽，夜惜衰红把火看。”一旦花谢，“蝶愁莺怨”，人也若有所失，但盼来年。唐末诗人徐夤抱怨说，“断肠东风落牡丹，为祥为瑞久留难。”我们没有理由再去苛求牡丹的香味浓和花期长了，那样是不合天理的。

姚黄、魏紫、赵粉、二乔，是众多牡丹品种里的四大名品。

姚黄，花为鹅黄色，并逐渐变为乳白色，连叶子也绿中泛黄，属中花品种。花朵呈皇冠形或金环形，威严尊贵，王者气派。

魏紫，初开时花色偏紫，然后逐渐变红，瓣顶微白。枝粗叶短，色彩妙，花期长，香气重。魏紫的重瓣之美，几乎达到了极致。它彰显喜庆、富贵、吉祥，牡丹皇后非她莫属。据史书记载，宋朝时期它的花瓣

姚 黄

魏 紫

多达600～700，但现在已经没有如此多的花瓣了。魏紫的长势不强，繁殖力很弱，所以极难见到。当时，看魏紫是要钱的。“人有欲阅者，人税十数钱，乃得登舟渡池至花所，魏氏日收十数缗（成串的铜钱，每串一千文）。”从钱数来看，观花之人不在少数。

赵粉，“国色鲜明舒嫩脸”，故也称童子面，花量大，属于早花品种。初开时为粉红，逐渐转为粉白。花朵重瓣，形若皇冠、荷花或金环。生命力较强，容易栽培，冬季绽放的牡丹多为赵粉。“窃得玉楼红一片，染成芳艳眼前春。”

二乔，菏泽人也称为“花二乔”，蔷薇型，中花品种。二乔，同株、同枝可开紫红、粉白两色花朵，也可同一朵花上紫红和粉白两色齐现，亦有半红半白或正红正白等。“花开时节乱古都，一片春色拥二乔。”在复色花中，它乃当之无愧的花魁。需要指出的是，二乔花朵的色相变化较大，并不是每年都能达到标准。

牡丹，是我们中华民族兴旺发达、美好幸福的象征。如今，中国牡丹已经香艳四海。日本、法国、英国、美国、朝鲜、荷兰、加拿大等几十个国家均有栽培，其中以日、法、英、美等国的牡丹园艺品种和栽培数量最多。国外也改良出了岛锦、海黄等一些新品种，能在冬天开花的“寒牡丹”更是令人惊喜。

我国目前还没有法定的国花，2019年7月，中国花卉协会进行了一次网络投票，征求公众对国花的选择意向。牡丹以占比79.71%，位居第一。

一花亮相，众芳失色。牡丹，无论它走到哪里，都会不失王者风范！国之花，当首推牡丹！

赵 粉

二 乔

梅花

Prunus mume

别　名　垂枝梅、干枝梅、春梅、红绿梅
类　型　小乔木，稀灌木
科　属　蔷薇科李属
原产地　中国
花　期　12月至翌年4月
果　期　5～6月（华北地区7～8月）

温度及光照

喜光照充足及通风良好。耐寒，可耐-15℃低温。梅花对温度非常敏感，花期不像蜡梅那样稳定。遇上严寒花期推迟。如开花时恰逢低温，花期可以延长。

水分

耐旱怕涝，如遇大量积水，容易烂根致死。夏日暴雨或阴雨连绵时，要注意防雨和排水。盆栽梅花浇水要宁干勿湿。在4～5月，生长速度最快。7月以前，保持盆土湿润即可。在新梢生长期，不要在晚间浇水，也不要浇水过多，这是为了防止抽枝过长。7～8月为花芽分化期，应掌握“不干不浇，浇则浇透”的原则。待新梢萎蔫下垂时，再浇透水。这样扣水2～3次，有利于花芽分化。当新枝条长到20厘米时，注意控制浇水，以防新梢过度伸长而不利于花芽分化。

土壤

喜疏松、肥沃、排水良好的微酸性土壤。但梅花耐贫瘠，对土壤要求不严，微碱性土质也能适应。

肥料

花芽分化前以氮肥为主，可施腐熟的人粪尿和豆饼水，也可加施少量尿素，10天左右施肥1次。7～8月，花芽分化后，以磷钾肥为主，每月施肥2～3次，也可用磷酸二氢钾，叶面喷施。在枝叶生长期，施氮肥为好。8～9月，施完全肥料，可选用营养液。10月以后多施磷肥，每隔半月集中施入根部，以利开花。每7天向花蕾喷一次磷酸二氢钾和植物催长素。

修剪

盆栽小苗就应注意修剪，一株梅花可保留3～4个主枝。当枝条长到10厘米时，即可摘心。花落之后，要重剪，保留基部2～3个芽就行了。剪枝可分多次进行，不必一步到位。弱枝、病虫枝、徒长枝要随时去除。

梅花的花芽是在新生枝条上形成的，如老枝不剪短，开花则不多。

繁殖

扦插、分株、压条、播种、嫁接均可。分株在春季，压条在夏季，扦插多在11月进行。扦插时，将1年生健壮枝条剪成段，段长10厘米左右，留一芽外露，入土端用杀菌剂和生根剂浸泡一会，晾干之后，再插进沙子、培养土等介质里，保持介质湿润即可。

病虫害

炭疽病：可提前喷施多菌灵、甲基硫菌灵等药剂，间隔10天左右喷1次，连用2～3次。

蚜虫：可用吡虫啉等药剂喷杀。

青刺蛾：可人工捕杀或使用敌百虫等药剂。

选购

建议在冬季开花时购买，其他季节上市量少，不易选到好植株。梅桩主干斜横的比直干好，粗老的比细嫩的好，嫁接点低的比高的好，枝干舒展的比杂乱的好。

移栽或换盆

换盆最好在春季花后进行，此时换盆植株能够迅速适应并恢复生长。提前控水3天，修剪老根和细根，晾干剪口再上盆。

兰花

Cymbidium ssp.

别　名 中国兰、兰草、国香、空谷仙子、香祖

类　型 多年生常绿草本

科　属 兰科兰属

原产地 中国

花　期 品种不同，花期不同

果　期 罕见

温度及光照

喜阴凉、湿润、透风，忌干燥、酷热和日晒。一般来说，生长适温20～30℃，可耐−5℃的低温。低于5℃或超过35℃时，生长变慢，并开始进入休眠。养兰通风要好，昼夜温差要大。若冬季气温偏高，春化不充分，兰花就会出现僵蕾，即使能够开花，品相也差。

除夏季外，其他季节应让兰花多晒太阳。当开始拔葶、含苞欲放时，要适当遮阴。

水分

“兰花要干，菊花要湿。”浇水以八分干二分湿为好。以“干而不燥，润而不湿”为原则。

兰花对空气湿度要求很高，宜在80%左右。天干物燥时，应向植株喷雾，向盆周喷水，以提高空气湿度。在花茎拔高和花朵舒瓣期间，空气湿度要适当高一些，有利于花箭长高、瓣幅增大、花色俏丽。冬季室内的墨兰，开花时要适当扣水。

土壤

喜肥沃、富含腐殖质的微酸性沙质土壤。兰花的盆土宜使用专门的兰花土。若是自己配制，应以腐殖土为主，辅以草炭土、河沙、树皮或松针等，再适量加入畜禽粪。养兰要用混合植料，各种养分要全。

肥料

发芽、生根、展叶期间以氮肥为主；孕蕾期以磷钾肥为主。有机肥料和无机肥料均可，最好是交替使用，优势互补。

蕙兰需肥要比春兰多。墨兰施肥，主要是在春末夏初，以氮肥为主。

温度过高或过低、处于开花期时，要停止施肥。

修剪

病虫叶、黄叶、老叶要及时剪除，焦枯的叶尖也不要保留。这样有利于通风，也可避免病虫害的滋生和蔓延。花谢之后，剪掉花茎的上部，下部等到枯萎后再完全去除，这样可以避免细菌感染。

繁殖

通常都是分株繁殖。通常3年左右即可分株一次，以春、秋两季为宜，将长势好的母株分成数丛，每丛约5个为一块的假球茎。

病虫害

炭疽病：高温多雨季节易发生，及时拔除病株，加强通风，降低湿度，再施用甲基硫菌灵等药剂，15天喷1次。

蚜虫、介壳虫、红蜘蛛：湿度较大且通风不良时常发生。可将洗衣粉用温水溶化并加入几滴风油精，再加水1000倍喷杀，每天1次。

选购

兰花的根系属于肉质根，以圆润且数量多的为好。挑选叶片基部紧，中上部阔，软而下垂者为佳。花香以清雅、纯正、温和者为佳，以过于浓烈者为劣。

移栽或换盆

多在春、秋季换盆，但春季更适合。因春季为兰花生长季，换盆后可以在较短时间内长出新根。为利于透气、排水，选盆以带有盆脚的高腰泥瓦盆或紫砂盆最为合适。换盆时，应将断根、老根、病根剔除，经消毒晾干后上盆。缓苗1～2周后，再进入正常养护。

荷花

Nelumbo nucifera

别　名　菡萏、芙蓉、芙蕖、莲花、水芝、水芸、泽芝

类　型　多年生水生草本

科　属　莲科莲属

原产地　中国

花　期　6 ~ 8月

果　期　8 ~ 10月

温度及光照

喜温暖和光照，受光不足，开花较少。生长适温22 ~ 35℃。气温10℃左右时开始萌发，15℃左右时藕带开始伸展，23 ~ 30℃时生长加速。开花则需要在22℃以上。气温在10℃时，荷叶凋谢。荷花非常耐高温，气温在40℃时也无妨。

水分

适合稳定平静的浅水或流速较小的水域。水不能太浅或太深，水深在1米上下为宜。新栽种时，不要让水淹没荷叶。荷花对水的要求在各个生长阶段略微有些不同，生长前期只需浅水，中期满水，后期水要少些。

荷花对失水十分敏感，水缸、小池所栽荷花1天也不能缺水，水质要保持清洁。空气湿度宜保持在75%左右。天气干燥，雨后遭暴晒，可能会出现叶缘干枯。

土壤

适合有机质丰富的微酸性深厚土壤，池塘里的陈年塘泥最为合适。先将塘泥晒干、压碎备用，新鲜塘泥挖来就用并不合适，因为其中可能含有杂草种子和有害病菌。用田园土配制也行，要有适当的黏性，不能过于松散。若为了方便，也可从网上买到家养荷花的植料。缸养或盆养使用植

料的多少，要看缸体以及种藕的大小。

肥料

家养荷花的施肥主要依靠基肥，平时施肥不多，这与大片种植的商品荷花施肥是不一样的。荷叶没有病态斑点但颜色较淡甚至发黄，这就说明缺肥了。

若是在缸中栽植，可选用开口大、高度适中的荷花缸。以骨粉、饼肥、畜禽粪等固体肥料以及消毒剂混合于干塘泥中，土层厚度在10 ~ 15厘米，上面可再放一层粗沙或小石子。生长阶段追肥可将颗粒状的肥料用管子送进泥土，也可在换水时进行。将肥料与河泥充分混合，做成肥泥团施入。也有人直接向水中追施0.1%尿素或0.05%磷酸二氢钾等水溶性肥料。

修剪

家养的荷花，去掉残花黄叶即可。换盆时，酌情修根。

繁殖

可采用分株或播种繁殖，一般于4月分株。家养荷花，都是购买种苗自己栽种，或者连同容器一块买回，很少繁殖。

病虫害

花柄和叶柄上，常有蚜虫寄生。叶片有时会发生褐斑病。入夏后，要喷洒多菌灵等药剂防治病害。

选购

南方在3月上旬至4月中旬，北方在3月下旬至5月上旬购买为宜。应根据场地和植株的大小，选择大、中、小型观赏荷花品种。市场上的假冒伪劣苗多为野生荷花或食用藕的侧支小藕，这类藕外观通直，表皮白嫩，味道甜脆，盆栽不开花。

移栽或换盆

盆栽荷花换盆都是在春季进行，气温应达到10℃。换盆后先放在通风散光处，等服盆之后再慢慢增加光照。

换盆要注意加水的量，初期水位高于淤泥表面的两三厘米即可，太多反而不利于呼吸。

更多有关养花的知识！

荷花、睡莲、碗莲、叶莲有何不同？

我国种植荷花的历史源远流长，早在周朝就有栽培记载。春秋时代的《诗经》有“彼泽之陂，有蒲与荷”的描述，意思是在那池塘堤岸旁，长着香蒲与荷花。

荷花叶大，全缘，深绿色，呈盾状圆形，具有14～21条辐射状深绿色叶脉。荷花叶对水的吸附力要远小于水的表面张力，所以它的叶面疏水性很强，叶面上的水会很快聚集成水滴，这种碧玉盘里落珍珠的景象很是可人。水滴的形成能带走一些尘埃，这种“莲花效应”也称“自洁效应”，令人称道。

荷花生于花梗顶端，常见的有红、白、粉3种颜色，花期在6～8月。根状茎横生，肥厚，节间膨大，内有多个大小不一的气孔，这就是藕。荷花的根是长在藕节上的。就用途来说，荷花有花莲和藕莲之分。花莲以观赏为要，藕莲以食用为主，所以俗称菜藕。菜藕有7孔和9孔之分。

荷 花

睡 莲

荷花和睡莲虽然有几分相像，但它们并不是同一种植物。

睡莲的叶子较小，心状卵形。大多数叶子是贴着水面生长的，有缺口。睡莲的花朵，接近水面，花色也更为丰富，除红色、粉色、白色外，还有蓝色和紫色。睡莲的得名，是因为它有较强的昼夜节律性，花瓣到了晚上就会闭合，像是睡意来临。睡莲的地下茎不能叫藕，它形状似芋头，并不适合食用。睡莲开花后也会结籽，但种子很小，与莲子也是不能相比的。睡莲对泥土要求不严，作为家庭观赏，可栽植于庭院的水池里或水缸中。

碗莲，属于小型莲，用作观赏，多置于窗台、桌案。不耐寒，冬季要注意防冻。碗莲可以种植在大碗或其他小型容器里，若是无土养殖，底层要铺沙，防止漂浮。碗莲也能长出莲藕，但比菜藕要细小很多。

叶莲，1片叶子时就能开花，所以也叫作一叶莲，为睡莲科荇菜属植物。叶漂浮，形同睡莲。花很小，毛绒状。花瓣白色，花蕊黄色，因此也称其为金银莲。叶莲要用浅盆种植，水深10厘米左右即可。水底基质宜为普通塘泥，无须大肥，肥多则花少。叶片黄瘦生长不良时，可在泥中埋入少量复合颗粒肥。平时要保持阳光充足，盆中不能缺水，水体要清洁。冬季要放在室内光线明亮处。叶莲价格便宜，大约5元就能买到1棵。管理粗放，容易养活。

碗　莲

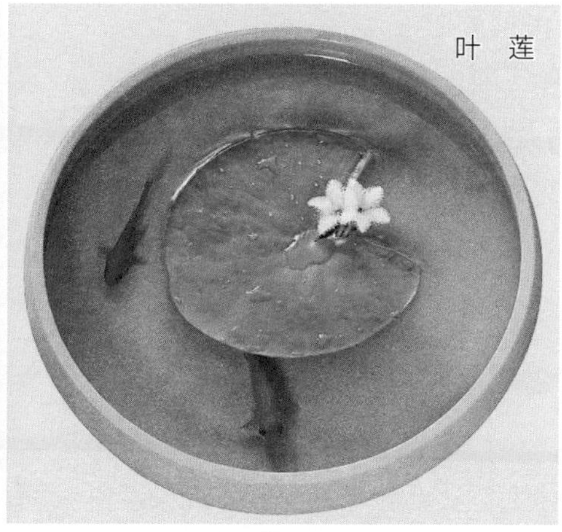
叶　莲

菊花

Chrysanthemum morifolium

别　名　鞠、寿客、延龄、女华、金蕊
类　型　多年生草本
科　属　菊科菊属
原产地　中国及日本
花　期　9～11月
果　期　11～12月

温度及光照

适应性强，喜凉，喜光照充足和通风良好，耐寒。生长适温20℃，可耐−15℃的低温。气温超过35℃，处于半休眠状态。夏季连续高温，盆花应适当避开阳光直射。

水分

有“干兰湿菊”之说，但也不可长时间过湿，雨季要注意排涝。天气干旱时，早晚要喷水。开花季节，不能缺水，要宁湿勿干。

土壤

以松软、肥沃、偏酸性的泥土为宜。要除草松土，促进根系发育。只有根深，才能叶茂花美。

肥料

发根、壮根是菊花栽培的要点。定植时要放些底肥。若没底肥且盆土贫瘠，仅靠临时追肥，根系就会发育不良。前期要施氮肥或复合肥，以促进枝叶生长。10月后要多施磷肥，促进花蕾成长。现蕾时要喷施磷酸二氢钾，花苞开裂时停止施肥。

根外施肥效果较好，应选在早晚进行，以减少蒸发，增加肥效。

修剪

无需过多修剪，注意整形便可，主要是摘心，以控制顶端优势。长势强的摘心次数多，长势弱的摘心次数少。最好晴天进行，雨天易造成伤口腐烂。立秋之后停止摘心。

枝条主干会生出许多侧枝以及花蕾，这些不应全部保留，要及时抹芽、除小蕾，保证顶蕾的营养供应。另外，要去除徒长枝和病弱枝。修剪之后，不要立即施肥，以防肥害，还要适当控水以及遮阴。

TIPS

大部分菊花的枝条都比较脆，很容易碰断，有的品种特别易折，所以打理时要格外当心。

繁殖

以扦插繁殖为主，一般在3月底至5月进行，立秋前扦插当然也可，但成活率和长势要差一些。详细内容见p48。

病虫害

蚜虫：20天喷一次吡虫啉等药剂。

白粉病：交替喷施甲基硫菌灵、多菌灵等药剂。若面积不大，可用棉签蘸取药剂涂抹。

为预防病虫害，要多次喷施多菌灵、高锰酸钾等药剂，特别是雨后。枝叶、土表、摆放场所都要顾及。

选购

俗话说："菊不过尺。"盆栽菊花要选矮短、茎枝粗壮的。

移栽或换盆

可选在春、秋季进行，若秋季换盆，则要在花期之前。要将老根、病根等修剪一下，消毒、晾干后再种植。放置于阴凉通风处，待恢复长势后再进行日常管理。

Q&A 疑难解答

怎么控制菊花高度？

适当推迟扦插时间；两次移植，先假植在小盆里，后定植在花盆中；幼苗期适当喷施矮壮素，但用量很难把握，新手不宜采用；立秋之前，定时对菊花摘心，防止徒长；早期要严格控制肥水，少施肥或不施肥，浇水不宜在晚间，而要在晴天上午进行。

更多有关养花的知识！

菊花扦插技巧

选择粗壮的枝条，剪成段作插穗，长约6厘米，不宜过长。上部留2～3片叶，其余叶片全部剪除，插穗上端剪成平口，减小伤口面积，下端剪成45°角，以增大发根面积。下部切口可用多菌灵等消毒，晾干后使用。

在截取插穗前3～5天，应对母株停肥缩水，并加强光照，促使菊苗强壮，以增强扦插后的适应性。

水插

在容器内灌入凉开水或自来水。准备一块泡沫塑料板，作为漂浮物。在塑料泡沫板上，用筷子或螺丝刀穿孔或者在四周剪出裂缝以便放入插穗。将插穗一一固定在泡沫板上，插穗下部2厘米入水。完成后，将其放置在阳台上或室内的光线明亮处。在气温20℃时，20天左右即可生根；气温在30℃时，10天便能生根。气温越高，生根越快。

当新萌发的白色细根长到3厘米左右时，再移栽到盆土里。为了控制长势，可以先进行假植。假植的植料可使用园土或营养土并加进沙子或者蛭石、椰糠等，透气良好即可，不要使用肥料。约20天后，进行第二次移植，这次移植就是定植了。若扦插较晚，也可省去第一次的假植，直接进行定植。假植是为了延缓长势控制高度。

水插

菊花水插，简便干净，不需要浇水或喷水，可以随时观察生长情况，成功率几乎是百分之百。若发现水质变样，就要换新水了。有的自来水水质较差，要适时更换，这一点必须注意。

泥插

若是泥插，插穗处理可参照以上所言。扦插时，要先给基质戳孔后，将插穗插入孔中，以防损伤下端的形成层。插穗入土以3厘米左右为宜，表土要压实，使插穗与土壤密切接触。之后，浇透水。可以在水中加点生根粉和消毒剂。若是在花盆里扦插，应放置在阴凉通风处，并注意不可缺水。可套上塑料薄膜，以保持湿润。泥插比较麻烦，成活率不是太高。

11～12月将盆花移入室内，来年早春掘出，将老根上的嫩芽一一分割移栽，这个方法也不错。

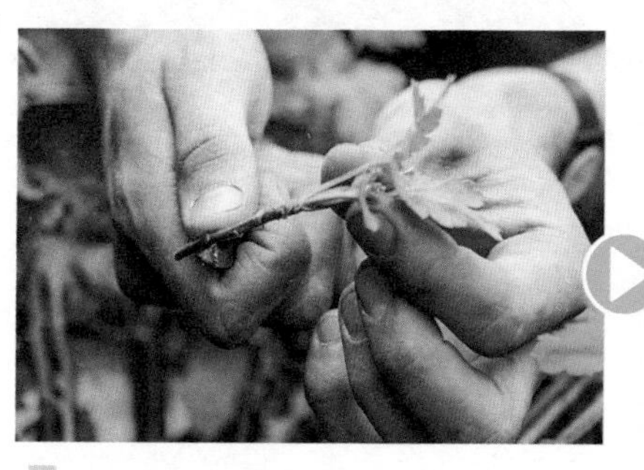

1 选择粗壮的枝条，剪成6厘米的小段，做插穗

2 下端成45°角

3 先给基质戳孔后，将插穗插入孔中（入土以3厘米为宜）

4 套上塑料薄膜，保持湿润

月季

Rosa chinensis

别　名 月月花、月月红、四季花、胜春
类　型 常绿或半常绿低矮灌木
科　属 蔷薇科蔷薇属
原产地 中国
花　期 4～9月
果　期 6～11月

温度及光照

喜温暖、光照和通风良好，不耐酷热。夏季光照过强易造成开花不多，朵儿不大，甚至断花。

月季开花对温度的要求较严，过冷、过热都不利于花蕾绽放。生长适温20～28℃，因此春、秋季花开得最好，尤其是首茬花和末茬花。10℃以下开始落叶。5℃以下进入休眠。耐寒，一般可耐−15℃低温。

水分

浇水要见干见湿，土壤表层发白时就要补水，切不可等到盆土干透再浇。最好在上午一次性浇透，不能浇皮毛水、半截水。

春季生长旺盛，花蕾多，需水量大。夏季水分蒸发很快，浇水频率要增加。发现枝条萎蔫下垂要及时处理，先喷水再浇水。秋季气候凉爽，失水较慢，为了控制长势也不要多浇水。冬季处于休眠期，更要少浇，只要不干透就行。月季较耐旱，空气湿度宜在70%左右。天干物燥时需要对盆体及周围加湿，但喷水时要避开夏季的烈日。

土壤

对土壤要求不严，适应范围较宽，但以富含有机质、排水良好的微酸性沙壤土为宜。

肥料

月季花期很长且花量大，所以施肥必须跟上，每7 ~ 10天就得追肥1次。春季气温在15℃时开始使用复合肥，用两次后，再施磷钾肥。每期花谢之后，要先补充氮肥。刚修剪过的，也要施1次氮肥，以促进新枝条的发育。秋季以磷钾肥为主，冬季1 ~ 2月时要施缓释肥或畜禽粪，为春季生长做好准备。在盛花期和高温期，要停止施肥。温度在不超过35℃时，可以施薄肥。

修剪

月季是新枝上开花，必须花谢后剪枝。一般来说，要剪掉花枝的1/3。花后剪枝时，至少应将3片小叶全部剪掉。为了使花朵开得大，可适当疏蕾。剪枝时，要注意留下的顶芽方向是向外的。

冬季落叶后要进行一次修剪，气温在5℃以下进行。应将无用枝去除，留下的枝条要剪短一些，但不要一步到位。春季萌芽前，再作一次细致修剪，长枝条要进一步缩短。有些品种只保留枝条基部1 ~ 3个芽点。枝叶萌发后，不再修剪，否则会影响第一次开花。

小苗、弱苗耐受力较差，不要急于修剪。阴雨天不能修剪，否则易出现黑杆。

繁殖

常用扦插繁殖，无严格季节限制。扦插时选取健壮枝条，剪成10 ~ 12厘米长的小段，上部保留2 ~ 3片叶，经生根剂和消毒剂处理后插入基质。水插用软泡沫块或海绵作漂浮物。生根后再移入泥土。

病虫害

春季养护重点就是预防病虫害，务必要喷几次药，交替使用代森锰锌、甲基硫菌灵等药剂，枝叶、盆体、盆土表层等都要顾及。

选购

购买月季花苗首选带原盆、原土的苗。裸根苗只能在早春和冬季购买，新手不建议购买裸根苗，因为栽培难度相对高一些。

移栽或换盆

盆栽月季要选择稍大且通透性好的花盆。除夏季外，春秋冬均可换盆，但以秋末最合适。翻盆和换盆要放底肥。

月季的香气

月季的香气成分，大部分存在于花瓣表面的腺体里，早晨随着气温升高，会挥发产生香气。因此，一般花瓣多的月季会比花瓣少的月季香气浓烈。

香气由许多复杂的成分混合而成，挥发的温度会因成分而异，因此，从早到晚，香气的浓淡会发生变化。

香气是主观感觉的，无法用特定的标准明确表述，但还是可将其大致分为7种（见下表）。

名　称	特　征	代表品种
大马士革香（又称古代月季香）	大马士革蔷薇的花香	米兰爸爸、薰乃、海蒂克鲁姆、红色龙沙宝石、芳香蜜杏
果　香	会让人联想到桃、杏等水果的酸甜香味	娜赫玛、红双喜、波莱罗、我的花园、朦胧的朱迪
茶　香	如红茶般清新，据说是承袭了原产中国的巨花蔷薇的香味	桃香、西洋镜、月季花园、园丁夫人、黄金庆典、格拉汉托马斯
柑橘香	会让人感受到如同柠檬、佛手柑、橘子等清新提神的果香	希霍登夫人、游园会、活力
没药香	类似大茴香或薰衣草的香气，微苦中带有青草的味道	克劳德·莫奈、圣塞西莉亚、皮尔卡丹、博斯科贝尔、安蓓姬、权杖之岛

（续）

名 称	特 征	代表品种
辛 香	类似丁香或康乃馨的香气	俏丽贝丝、粉妆楼
蓝 香	跟蓝月的香气很接近，仿佛混合了大马士革香和茶香两种香味	蓝月、蓝色香水、梦幻之夜

桃香的香气带有茶香月季的甜蜜清新

娜赫玛的香气是以柠檬、桃、杏等果香味为主

薰乃是以大马士革香为基调，香气中带有柔和的果香

茶花

Camellia japonica

别　名　洋茶、山茶、耐冬、山椿、薮春、野山茶
类　型　常绿乔木或灌木
科　属　山茶科山茶属
原产地　中国
花　期　12月至翌年3月
果　期　8～9月

温度及光照

喜温暖、凉爽、半阴，较耐暑热，忌烈日。30℃以上停止生长，35℃以上叶片会出现焦灼，高温期间盆花需遮阴。生长适温18～25℃，开花最适温度15℃左右。气温在20℃以上时，花期缩短；而低于10℃时，花蕾难以打开。一般品种可耐受−10℃的低温，在淮河以南地区地栽的可自然越冬。茶花很易冻伤，花苞更不耐冻。若冬季温度突然降至−5℃，最好将盆花暂时挪至室内以避风寒。

要经过春化才能开出好花，一般需要10～20天的0～8℃的低温。

TIPS

茶花的方向感比较强，特别是一些名贵品种。经常挪动地方或者变换方向，会造成生长不良。若需要移位，朝向不要改变。在温度较低时或角度较小时，移盆换位问题不大。

春季和冬季，要给予充足的光照。注意花期光照不能过强。

室内放置的，一定要适时通风。茶花对空气流通要求很高，它最适合在微风吹拂中生长，但忌强风。

水分

茶花怕干燥，空气相对湿度以70%～80%为宜。要始终保持土壤处于微湿润状态，不能太干或太湿，也不能时干时湿。

春秋生长季节每天浇水1次，夏季，特别是三伏天，每天早晚都要浇水。若地面干燥还要向花盆的四周洒水1～2次，以保持一定的空气湿度。盆土若已经过干，应先少量浇水，使盆土逐渐湿润，然后再浇透水，否则根尖失水，大水骤至无法适应，易造成落蕾。冬季要干到七成再浇水，宜在晴天午后气温较高时进行。花蕾分化期要减少浇水，不使枝叶过度生长而影响生蕾。盛花期盆土要湿润一些，但不可太湿。盆花的花朵上不能喷水，也不可淋雨，否则会过早凋谢。除花期外，要多淋雨，盆内积水及时排除，防止烂根。

长期使用自来水，土壤会碱化。在浇水时，可每月补浇一次0.2的硫酸亚铁溶液。

土壤

宜用肥沃、疏松的微酸性土壤，透气性要好，pH 5.0～6.5。通常可用泥炭、锯木、红土、腐殖土等组成的混合基质栽培。其最佳的土壤配制为：红壤土或黄壤土50%，木屑或食用菌渣40%，饼肥、畜粪和磷肥粉10%。没有红壤土、黄壤土，也可用腐叶土、园土、河沙混合。

肥料

3～4月是茶花叶芽萌动和生长枝叶的时候。这时应摘去残花，及时追施以氮肥为主的肥料2～3

Q&A 疑难解答

春季没有新芽冒出怎么办？

花期过后，春季应有新芽冒出。若不见发芽或者新芽生长很慢，应使用活力素和EM原液兑水浇灌。

次，每次相隔10天左右。6 ~ 7月是花芽分化期，每隔半月施1次磷钾肥，可连施3 ~ 4次。11月施一次复合肥，入冬时再施一次钾肥，利于抗寒。气温低于10℃，植株进入休眠期后不得施肥。

新买回来的茶花，因尚处于服盆期或者是缓苗期，所以要等1月后才好上肥。开花前半个月，即花蕾显色时，不要施肥。小苗应给予复合肥，其中氮肥含量要多一些。

此外，每月要进行1 ~ 2次根外施肥，以0.2% ~ 0.3%磷酸二氢钾或1% ~ 2%的植物生长素喷施叶片。

茶花的花蕾每年都会生出很多，有的是数蕾并生，因此疏蕾是非常必要的，一定要舍得下手。由于花蕾和叶芽是相连的，所以去蕾时不要用手去掰。可用锋利的小剪刀将不需要的花蕾剪除一半即可，剪刀最好经过消毒，赶在晴天进行。

修剪

茶花生长较慢，长势不强，所以一般只作轻微修剪，不可重剪。

修剪应在花后立即进行，太迟就会影响来年开花。即使还有零星花朵尚在开放中，但它们的观赏性较差，不宜保留。可从花下3 ~ 5片叶处剪除，剪口下方应有较饱满的芽点，这有利于发新枝。细弱枝、内膛枝等无用枝不要保留。6 ~ 7月孕蕾期，一般也不可剪枝。

枝条顶端生出的叶芽，可能有好几个，只需保留1个就行了。保留太多以后生出的枝条会很细弱。

盆栽每根枝条仅保留2个花蕾，弱小的枝条只能留1个。疏蕾可多次进行，在绿豆粒大小和黄豆粒大小时实施较妥。被叶片遮挡难以接受阳光的，没有保留的价值，必须舍得去除。苗龄较短，花蕾不多，自然要全部保留。

繁殖

常采用扦插，在高温、高湿的环境下，扦插的成功率高。气温在20 ~ 30℃时适合。

扦插的枝条，要选用半木质化的、粗壮一些的。先将插穗用清水洗干净，剪成段。每段长5～10厘米，有1～2个节，顶部保留1片大叶或者2～3片小叶。插条下端用利刃削成斜口，并将上方约1厘米处的外皮刮除一些，注意不要将外皮全部剥离，一点绿色也不保留。插条斜插进经过消毒的介质中，椰糠、蛭石、沙粒、珍珠岩、营养土、南方的微酸性红壤土等都行，插入深度2～3厘米。为了提高成活率，最好用生根粉处理一下。插好之后浇透水，水中加点消毒剂，再用薄膜覆盖，放于阴凉通风处，要一直保持湿润状态。薄膜上可以插几个小的透气孔洞。成活之后，喷施一点浓度较低的氮肥，以促进生长。

水插法效果也不错，将插穗穿过漂浮在水面的泡沫塑料板上，容器里的水要尽量干净一些，矿泉水、凉开水、自来水都可以。水插法便于观察，若温度和湿度合适，一般两月左右可以发根。新根长到2～3厘米时，就可以移栽了。移栽时要当心，不可伤及细根。

病虫害

常见病害有炭疽病、枯梢病、叶斑病、烟煤病等，可使用多菌灵、百菌清、三唑酮、退菌特等定期防治。遭受病害的叶片，要及时清除。

茶花虫害不多，以红蜘蛛、蚜虫、介壳虫为主，可用氯氰菊酯等药剂。

选购

茶花开花时购买，大多能买到自己满意的苗。如果遇到带花苞的茶花，不要选择花苞数量太多的，但要选择花苞饱满、壮硕的。嫁接苗注意看嫁接点是否完全愈合。

移栽或换盆

花市里买来的茶花，都来自南方。在长江以北地区，花谢之后必须换土，否则长势不良。换盆时，气温在15℃以上为宜，以泥瓦盆最为合适。盆体大小要相宜，小苗不可直接移入大盆。若盆体较深，盆底要做好滤水层，盆的上部要空出一截。用水将植株原土冲刷掉一半，内层的土要保留，不可一次性全部去除。加入新土应为混合的，不能全部使用单一的营养土或田园土。

上盆时就要放基肥，以磷钾肥为主，包括腐熟后的骨粉、毛发、鸡毛、蛋壳、草木灰、禽粪以及过磷酸钙等物质。

十大名花

桂花

Osmanthus fragrans

别　名　木樨、金栗、岩桂
类　型　常绿乔木或灌木
科　属　木樨科木樨属
原产地　中国
花　期　9～10月
果　期　3月

温度及光照

喜温暖向阳、通风透光。全日照植物，也稍耐阴。

生长适温20～28℃，可以忍受−15℃低温，也耐高温，炎夏无须遮阴，不会出现枝叶灼伤。

水分

喜湿润，畏积水。浇水要见干见湿。盆土板结时，要先松土，后浇水。

对空气湿度要求较高，尤其是花蕾期。盆栽桂花要经常喷水。

花开之前，若有一段时间白天晴朗，夜晚凉爽而且伴有雨雾，花就会按时集中开放。昼夜温差小、晴热无雨，则会影响花朵的正常绽放。

土壤

对土壤的要求不严，以土层深厚、疏松肥沃、排水良好的微酸性沙质壤土为宜。

肥料

3月下旬至4月中旬施1～2次氮肥，最好选用各种饼肥，用以促发枝叶。4月下旬至7月中旬，要施几次复合肥。7月下旬至8月上旬，施1次磷钾肥。花谢之后，11月可再施1次畜禽粪，为下年开花奠定基础。按照经验，以猪粪为最好，其他畜粪当然也行。施肥时，肥液要淡些，不要太靠近根系，特别是没有完全腐熟透的畜粪和干粪。

修剪

冬季进行修枝，但不能重剪。树叶过密，可适当删除一些，以利通风透光。

繁殖

扦插：夏、秋季，取当年生的健壮枝条截短，经生根剂、消毒剂处理后扦插。扦插苗要4年左右才能开花。

压条：可不分季节实施，但以梅雨季节最为合适。将靠近地面的枝条拉下，在入土的那段枝条上环剥去皮，长度约1.5厘米，然后用土掩埋，放上砖块加以固定。要保持湿润，来年再分离移栽。

病虫害

桂花的病虫害较少，病害有炭疽病和叶斑病等，虫害有红蜘蛛和介壳虫等，可用波尔多液、石硫合剂、甲基硫菌灵等防治。

为避免黄化病，要酌情使用硫酸亚铁。

选购

桂花常见品种有金桂、银桂、四季桂和丹桂。四季桂一般呈丛生灌木状，树形较为散乱，主干不明显，叶片较圆润，几乎没有尾尖，边缘有锯齿。选苗时，要防止将四季桂当成金桂来买。只要能避开四季桂这一种，其他3类都很好。丹桂虽然香气稍逊一筹，但它数量相对较少，也很值得拥有。

丹 桂

银 桂

四季桂

金 桂

移栽或换盆

桂花树苗很便宜，一般都是购买小苗，带土球在春、秋季栽植。先用深一点的小盆，以后再换大盆。

杜鹃

Rhododendron simsii

别　名 唐杜鹃、映山红、山石榴、山踯躅
类　型 落叶灌木
科　属 杜鹃花科杜鹃花属
原产地 中国
花　期 4～5月
果　期 6～8月

温度及光照

喜温暖、半阴、湿润、凉爽的环境，忌高温和烈日。

气温30℃以上，停止生长。比较耐寒，在江淮之间盆栽杜鹃可以露天越冬。气温低于–5℃时，可适当采取防寒措施。地栽杜鹃，能耐受–30℃的酷寒。

水分

对空气湿度要求较高，宜在60%～90%。夏季要多浇水和喷水。高温时它处于休眠状态，所以浇水也不能过量，此时遮阴很有必要，不可任其暴晒。

土壤

喜疏松、肥沃、偏酸（pH4.5～6）的土壤。盆土可多用一些兰花泥，再从营养土、泥炭土、黄山泥以及经过沤制的锯末、畜粪等挑选其中几种混合即可。

肥料

薄肥勤施，以有机肥为主。肥料不足，开花不多，花色欠佳。

开花前施2次以磷为主氮磷结合的肥料。谢花之后，为了促进枝叶生长，应施2～3次以氮肥为主的肥料，相隔半月左右。入秋后，要施几次磷钾肥。

修剪

杜鹃萌发力较强，贴近土壤的根颈部发芽旺盛，要随时抹去，以保证上部枝叶营养供应。一般较少修剪，可按自己的审美整形。

繁殖

建议选用压条的方式。春末夏初最为合适，其他季节也可以。发根之后，即可移栽，无须等到来年。若是秋季压条的，可以等到下一年的春季移栽。杜鹃的枝条生根慢，1个月后可看看是否生根，当新根长到3厘米时，便可将其与母株分离移栽。成活以后，第一年最好不让它开花，这样能促进发根、壮根。

若枝条较多，在翻盆换土时可采用分株繁殖，用刀将其一分为二，刀口处涂抹保护剂。

病虫害

11月至翌年2月，最好能喷洒一些杀菌剂。若平时多菌灵用得比较频繁，最好换用波尔多液。

叶斑病：叶片上先出现淡黄色的圆形小斑点，后逐渐扩展呈不规则状，病斑转变成红褐色或暗褐色。喷施粉锈宁、甲基硫菌灵或代森锰锌等药液。受害叶片，要及时去除。

叶尖枯黄：定期浇灌硫酸亚铁。

选购

杜鹃花分为南鹃和北鹃，南鹃颜色和造型更好，而北鹃生命力更顽强。建议选择花苞半开的杜鹃最好，这样带回家即可欣赏到花。

移栽或换盆

换盆的时间通常在秋季进行，2～3年换盆1次。上盆时，用瓦片或棉网盖住排水孔，盆底放入1/3的粗陶粒作为排水层，略加培养土。将杜鹃花放入盆中，一手扶正，控制其深度，使根系悬垂，根茎处于盆口下3～5厘米处，一手向盆中填入配好的培养土，填至盆口下1～2厘米处为止，压实盆土。换盆时注意清除老根、烂根，适当修剪。

TIPS

换盆一般有3种情况：一是新购买的杜鹃，多用营养袋或简易花盆栽植，摆放在室内影响美观，需上盆；二是植株生长2～3年后，根系扩大充满盆土，需换大盆；三是2～3年后，盆内养分耗尽，植株生长不良，为改良土壤、补充养分而换盆。

水 仙

Narcissus tazetta subsp. *chinensis*

别　名　中国水仙、雅蒜、天葱
类　型　多年生草本
科　属　石蒜科水仙属
原产地　中国
花　期　1～3月
果　期　不结实

温度及光照

喜温暖和充足的阳光，也耐半阴。不耐寒，室温不宜低于5℃。−2℃时，植株会被冻死。生长适温10～15℃，水培后约40天即可开花，花期可维持20天，花期长短与气温相关，气温高，凋谢快。生根发叶后，要尽量多给予光照，否则就会出现叶片瘦高、叶色浅淡。

水分

水仙对水质要求较高，要注意换水，防止根须变色腐烂。井水、纯净水、矿泉水均可。若是自来水，最好经过晾晒。水仙喜湿，在有暖气的房间要给叶片喷水。

土壤

适宜于疏松肥沃的沙质土壤。

肥料

花市出售的水仙球已经在土壤里生长了很长时间，获取的养分较多，一般不需再施肥。

修剪

可以进行修剪。叶片发黄时，从底部剪除；叶子过长，可适当剪短。工具最好经过消毒。

繁殖

家庭通常直接买种球。

病虫害

病虫害较少。

选购

购买种球时，要“两看一捏”，主要是“看”。一看种球大小，越大越好，周长最好能达到24厘米以上。二看形状，尽量挑扁圆的，而不选圆的，因形状扁一些的花芽较多，2～3个子球的比较好，注意有无病害、腐烂等情况。用手指捏一捏，硬实并略有弹性的为好，软瘪的不要选。

移栽或换盆

栽植时，先将鳞茎的外层褐色老皮及护根泥土剥离，再用水洗净，以免影响水质。然后放在清水里浸泡1天，再上盆用浅水养育。若有黏液，则要加以清洗。清洗后，一定要洗干净双手。假如种球已经生根，注意不要弄断。

种球旁边会带有几个小球，小球可保留在盆中作为点缀，也可埋入土中尝试繁殖。这些小球大多只长叶不开花，假如影响主球在容器内的摆放，应予以分离。容器里的水深以淹没鳞茎的三分之一为宜。

水仙花期结束，建议购买新的种球栽种。若将原来鳞茎埋入泥土，管理到位，则会有新的鳞茎长出，但需要2～3年才能开花。

Q&A 疑难解答

植株太高怎么办？

应该增强光照、降低环境温度。水培的时间不要太早，12月以后栽植的要比11月的叶片短一些。可以使用矮壮素等植物生长调节剂来控制高度，使用时一定要按说明来配制浓度并掌握好浸泡时长。为控制叶片徒长，生长前期，白天应将盆花放于阳光充足之处，晚上移入室内灯光明亮处并将盆水倒掉，次日再加入清水。

栀子

Gardenia jasminoides

别　名　野栀子、黄栀子、白蟾花、薝卜花
类　型　常绿灌木
科　属　茜草科栀子属
原产地　中国
花　期　3～7月
果　期　5月至翌年2月

温度及光照

生长适温18～25℃，盆栽栀子能抵挡短期的−5℃的低温；地栽栀子更耐寒，−15℃也没问题。

喜温暖、湿润的半阴环境。但长期处于半阴环境易徒长，花朵不多。夏季，盆栽放在散射光处较好，露天放置问题也不大，但要避开烈日暴晒。地栽或露台上花箱、花池栽种的栀子，不需要遮阴，也不需要防冻。

水分

耐湿，不耐旱，要宁湿勿干。

夏季，早晚都要浇水，还要多给枝叶喷水降温。不妨将花盆底部放上木板、砖块等以提升高度，这样可以减少地表的热辐射。冬季，要少浇水。

在4～10月生长期内，要保持盆土湿润，盆土表面见干就得浇水。若生长过旺、节间距较长，晚上就不要浇水了，应改在早晨进行。

栀子喜欢较大的空气湿度，若空气湿度低于60%，就会直接影响花芽的分化和花蕾的生长。所以除正常浇水外，应经常用清水喷洒叶面及附近的土壤或地面，以增加周围的空气湿度。

花蕾期浇水太少或者过多都会造成落蕾。刚移栽的、枝叶较少的，喷雾更有效。大雨之后，盆内的积水要及时倒掉，以防烂根。

土壤

喜肥沃、疏松、排水良好的酸性土壤（pH5.0 ~ 6.5）。可将腐叶土、泥炭土、菜园土、塘泥、锯屑等混合在一起，缺几样也不要紧，但忌用陈墙土和煤渣，可用市售的君子兰土。

肥料

从4月初开始，应施以磷钾肥为主的肥料，不要施用氮肥，最好是农家肥，10天或半月1次。现蕾后，再用磷酸二氢钾或花多多12号、15号灌根2次。当花苞露白时，停止施肥。

开花之后施复合肥，如长势不良，要补充氮肥。生长期，每隔半月或1月，要浇一次硫酸亚铁的水溶液。

TIPS

盛夏和冬眠期不施肥。气温低于15℃时，不施肥，因为休眠尚未结束。种植不足3年的，不施人粪尿。

氮肥过多，会造成枝粗、叶大、色浓，但开花很少。长势不好，氮肥还是要施的。缺磷钾肥时，也会出现不开花或者花蕾枯萎脱落现象。

修剪

栀子萌发力强，枝条容易重叠，整形修剪时，应根据树形选留3 ~ 4个主枝，要随时剪除根部萌出的小枝。花谢后枝条要及时截短，促使剪口下方的新枝萌发。当新枝长出3节后就要进行摘心，不让其盲目生长。必要时，还要进行二次摘心。个别徒长枝可能影响树形，花后立即短截。

修剪主要是在花后，宜早不宜迟，太迟会影响下一年开花。冬季只可适当进行，春季不可轻易截枝。

小苗主干有20厘米高时，要去除顶尖，留3 ~ 4个分枝。当分枝长到2对叶片时再摘去顶尖，以促生新枝，以后可任其生长。

栀子的花朵由雪白色变成黄褐色时，就不应再保留了，还应当在保留基部2 ~ 3节后将无花的枝条剪掉，以促使萌发新枝。黄叶要及时去除。这些做法都是为了避免营养浪费。

冠幅太大时，花后可进行一次强修剪。一般是将上部分枝条短截，保留2 ~ 3对叶片。

小叶栀子不需要打顶，开花后稍作修剪，剪去内膛枝、病弱枝，短截个别徒长枝，保持形状美观即可。

小叶栀子

大叶栀子

TIPS

繁殖

扦插、压条均可。扦插多在春、秋季进行，选取2年生的健壮枝条截成段，斜插进泥土，留1节外露，注意阴凉保湿即可。

压条最为简便、可靠。将最下部的枝条拉到土面，剥伤部分皮层，再埋进土里，浇水。为防止被压枝条脱离泥土，可压上砖块。最好在夏季进行，1个月后即可生根，适当浇点水保持湿润。当根须较多时，可剪断枝条移栽。

病虫害

黄化病：因缺水或水分过多造成的黄叶比较多见，若刚变黄的叶片手摸上去较软，那就是水多了，要是有焦枯感那便是缺水了。因肥料而黄叶的也不少，应对症治疗。

煤烟病：主要发生在夏季，高温高湿且通风不良易发生。叶片进行擦洗后，再喷洒多菌灵等药剂。

大青虫：即豆天蛾幼虫。若看到土层或地面上有很多黑色的点状粪便，那就在傍晚时分对粪便上方的枝叶仔细检查，人工捕捉即可。

介壳虫：种类较多，有吹绵蚧、红蜡蚧等。繁殖很快，尤其是在通风不良时。5月中下旬至6月上旬，危害最为严重。中性洗衣粉500 ~ 700倍液喷雾，可防治介壳虫。每隔几天喷1次，连喷3次。百虫净、蚧必治、杀扑磷、噻虫嗪等药剂也有效，药剂交替使用效果更好。

白粉虱：白色小飞虫，常聚集于枝叶密集处，受到惊扰时，便散开。可用40%氧化乐果乳油1500倍液、25%扑虱灵1500倍液或10%吡虫啉1500倍液喷杀。

蚜虫：可用吸过了的香烟过滤嘴煮水再加点洗衣粉喷杀，也可以用风油精、花露水的稀释液喷杀。情况严重时，可使用蚜虱净等药剂。

选购

最好买本土品种，这比从花市里买来的外地品种好养。若能从当地花友那里取得小苗也是不错的选择。

移栽或换盆

换盆3月进行较好。栀子是深根植物，根系发达，若盆体、盆土不合适，就得换盆，否则水肥难以下沉，开花很小，甚至还会枯死。倒盆后剪去部分老根，抖掉一半旧土，换上新土栽植，浇透水，放温暖半阴处。见到有新芽萌发时，即可正常管理了。若花盆大、泥土多，应以换土不换盆为宜。

Q&A 疑难解答

盛夏时，植株萎蔫怎么办？

若土壤不当，水分便难以下沉，由于中下层的土壤缺水，而表层的水分很快蒸发，所以枝叶就会萎蔫，这在盛夏时表现很突出。遇到这种情况，可在秋季挖出一侧的陈土换新土，另外半边下一年再换。也可在盆土中掘出几个深洞，再灌入一些粗沙或小石子，好让水分下沉。

Q&A 疑难解答

花市上买回的栀子，没几天便会黄叶落蕾，怎么办？

不少人都说，从市场上买回的栀子都是青翠欲滴、含苞待放的，但是到了自己手里便会黄叶落蕾。这是因为这些盆花是南方品种，到了长江以北地区必须先进行缓苗以便适应新的环境。缓苗期间，不可换盆、施肥或放于室内。一定要放在阴凉通风处，控制好水分。花蕾太多，还要适当去除一些。

更多有关养花的知识!

花香与香花

人的嗅觉很敏锐。人对气味的感受，与性别、年龄、习惯、教养、种族等多种因素有关。女性的嗅觉比男性敏锐，农村人比城里人敏锐，聋哑人比普通人敏锐。

嗅觉器官容易疲劳，而且嗅觉的适应性要比人的其他任何感觉都要强。时间一长，即使气味再强烈鼻子也会失灵。“入芝兰之室，久而不闻其香”，道理就在于此。

对人类来说，基本气味只有6～7种：麝香味、花香味、樟脑味、刺激味、醚味、腐烂味等。这几种气味混合之后，就能演变出千奇百怪的味道来。喜香厌臭是人之常情，最受世人欢迎的气味当是花香味无疑。

什么花最香呢？哪种花才是人间第一香呢？对于这个问题大家的看法不可能完全一致，但总体上还是相差不大的。

香花的种类不算太少，只是有些花的香味较为清淡，一般不归为香花。本书只列了10种比较常见的香花，兰花、桂花等香花，已经在前面的十大名花里做过介绍。

花是被子植物的生殖器官，典型的花由花托、花萼、花冠（花瓣的总称）、雌蕊群和雄蕊群组成。花朵的生命过程，本质上就是繁衍后代的过程。

香花白色、浅色的居多，这是为了吸引昆虫传粉。艳丽的颜色可以招蜂引蝶，白花等没有色彩的优势但是有浓浓的香味，这也同样具有吸引力。香花的花瓣中含有芳香油，通过油细胞的分解，香味便发散出来。光线强、温度高时，芳香油挥发得快，飘香距离也比较远，所以花香更甚，阴雨天就会差很多，比如米兰。

当然，例外的情况也总是有的。有些花朵很特别，晚间的香味会更盛，夜来香、烟草花等就是如此。它们的花瓣与众不同，空气湿度大时气孔变大，芳香成分溢出增多，这更加有利于某些在晚间活动的飞蛾前来传粉。栀子、香百合等，花香味基本不受雨水影响。

千姿百态的植物能陶冶人的情操，给人以美的享受。各种不同的花香对人的心理和健康也会有积极的影响。河塘里的荷花幽香，让人感到清新凉爽；桂花的甜香，使人陶醉不已；栀子的醇香让人神清气爽。

花香疗法，自古有之，常用来解郁、安神、行气。李时珍的《本草纲目》里有菊花“作枕明目”之说。华佗、孙思邈等古代著名医学家也有以药枕医治头颈诸疾的实践。

用栀子、金银花、玫瑰花、菊花等制作枕头，既可改善睡眠，治疗一些轻微的病痛，也是一种高雅的享受。“白昼闻香，其香仅在口鼻。黄昏嗅味，其味直入梦魂。”《红楼梦》中就提到了芍药花睡枕。南宋长寿诗人陆游酷爱菊花枕头，诗云：“头风便菊枕，足痹倚藜床。”

白兰

Michelia alba

别　名　黄桷兰、缅栀、把儿兰、白缅桂
类　型　常绿乔木
科　属　木兰科含笑属
原产地　印度尼西亚爪哇岛
花　期　4～9月
果　期　不结实

温度及光照

喜光照，不耐阴。阳光不足枝叶徒长，开花不多。盛夏炎热季节，应适当遮阴。

生长适温18～30℃，冬季不低于15℃，花蕾仍可开放。不耐寒，最低可耐受1℃低温，我国除华南地区以外，其他地方均应冬季入室管理，最低室温应保持在5℃以上，出房时间在清明至谷雨之间。室内防寒时，要保持盆土湿润及适当的空气流通。

水分

不耐干旱和水涝，但是浇水也不能过勤、过量，可以时常喷水。高温时，根据盆土干湿情况，每天浇水1～2次，一次性浇透。夏季浇水不足，有时会看到白兰的叶子下垂，此时补水即可，植株并不受损。秋季每月浇2～3次透水，冬季每月浇1～2次透水。

土壤

喜松软、肥沃、排水良好的微酸性土壤。盆土可用腐叶土、粗河沙、园土3种材料等量混合。

肥料

白兰喜肥，出房之后，先补充氮肥，促进发叶长枝。平时要多施磷钾肥、复合肥。在生长期，每7～10天施肥1次，浓度不要大，傍晚进行为宜。10月初，停止施肥。

修剪

入室前，初步剪除老叶、枯枝、徒长枝，最大限度减少植株的营养消耗。出房时，可再次整理，摘去枝条下部的全部老叶，只保留上部的叶片，可促生新枝。

盆栽白兰往往都会长得很高，是由于幼苗期没控制高度。白兰顶端优势很强，新枝长到10厘米时要进行摘心。

> 若已看不到绿色木质化枝条，就不宜修剪了，否则枝条易枯萎。
>
> 若需对已木质化的枝条进行重剪，要注意方法，其枝条中心松软，极易受潮腐烂，修剪要在晴天，斜剪之后用火烧一下，再用塑料皮包裹。
>
> TIPS

繁殖

常用压条和嫁接繁殖，扦插难以成活。白兰价格便宜，所以一般自家不繁殖。

病虫害

炭疽病：高温高湿易发生，应使用代森锰锌或甲基硫菌灵等药剂进行防治，病叶要剪除。

黄化病：叶片由碧绿逐渐变成黄色，严重时局部坏死变为褐色。大多是因为盆土碱性过大，可向叶片的两面喷洒2‰的硫酸亚铁溶液，每周1次，同时浇灌矾肥水。

选购

选挑健壮的即可，市面上还有一种黄兰，比白兰香味浓，价格稍高，但栽培管理一样。

移栽或换盆

换盆时，若根系很好，则不必修根，也不用剥去土球，只要加些底肥换上新土即可。换盆年限依树形大小而定，老苗4～5年不换都可以。若植株和花盆很大，还是采取只换土不换盆为好。

Q&A 疑难解答

白兰可以泡茶吗？

摘下的花朵干缩之后，是可以洗净入茶的，不必浪费。

蜡梅

Chimonanthus praecox

别　名　蜡花、黄梅花、雪里花、蜡木
类　型　落叶小乔木或灌木
科属　蜡梅科蜡梅属
原产地　中国
花　期　11月至翌年3月
果　期　4～11月

温度及光照

喜阳光，也耐阴。生长适温14～28℃。耐寒力强，-15℃时可安全越冬。花期遇到-10℃低温，花会受冻害。开花最适温度0℃左右，温暖地区不适宜栽种。气温超过20℃，花凋谢快。花期时盆栽可放于阳台，但若放在室内，因缺乏阳光和空气流动，花很快会凋谢。

水分

怕涝，耐旱。若盆土太湿，易叶尖干枯。夏季不能缺水，早晚都要浇，否则叶片也会干枯，出现白斑，还会影响花芽分化。花期土壤则要保持偏干状态。7～8月为花芽主要分化期，应掌握“不干不浇，浇则浇透”的原则。干到新梢略显萎蔫下垂时再浇透水，这样扣水2～3次，可加速花芽分化。雨水正常的年份，地栽蜡梅可不浇水。

土壤

对土壤要求不高，较耐贫瘠。喜疏松、肥沃且富含腐殖质的沙壤土。

肥料

春季展叶时，以氮肥为主，可施1～2次人粪尿，也可加施少量尿素。新叶萌发后至6月初的生长季节，每半月施一次饼肥。6

月新梢木质化后便进入花芽分化期，6～8月以施磷、钾肥为主。花芽分化期肥料不足、浇水过多，花蕾的数量就会受到影响。9月宜施完全肥料，可选用营养液。10月以后多施磷肥。花蕾形成时，可每周给花蕾喷一次磷酸二氢钾或植物催长素，浓度不能高。花期不施肥，花谢后，施一次磷钾肥。

一般不需过多施肥，否则易徒长，不利于花芽发生。以磷钾肥为主，氮肥少用。

修剪

蜡梅长势强，分枝旺，盆栽蜡梅应注意修剪，控制长势，避免枝叶过旺而开花少。主要对枝条短截，每枝只保留基部2～3对芽。待枝条长到10厘米时摘心，促使发枝。花主要开在当年生的枝条上，老枝上基本无花。所以要在早春新叶未出时对已经开过花的枝条进行短截。

残花没有香味时，即可摘除。枯死枝、病虫枝、重叠枝等枝条，花后去除。秋冬落叶后至花芽膨大之前，顶部无花枝条也可剪掉一些，以免消耗营养。

繁殖

主要采用嫁接的方式。砧木多为狗牙梅的2年实生苗，其抗性好，生命力顽强，接穗为蜡梅优良品种的枝或芽，嫁接时间以春季3～4月为好。

病虫害

病虫害较少，发现病虫枝叶尽早去除，夏季可喷几次多菌灵预防。

选购

市上出售的开花蜡梅，卖家为了突出花朵，往往将叶片全部摘除。要注意嫁接部位是否结合紧密。

移栽或换盆

落花后的两个月内可进行换盆。蜡梅为深根植物，宜用深盆栽植，但口径不要大。

更多有关养花的知识！

咏梅诗词里的“梅”究竟是什么花?

蜡梅和梅花是两种不同的花木，蜡梅属蜡梅科；梅花属蔷薇科。二者都有“梅”字，但它们既不同科也不同属，相距甚远。

到底是“蜡”还是“腊”呢?

在古文献、古诗文里，皆为“蜡梅”。明朝的文学家王世懋在《花疏》中说：“蜡梅是寒花，绝品，人以腊月开，故以腊名，非也，为色正似黄蜡耳。”

李时珍的《本草纲目》也有类似之言：“蜡梅，释名黄梅花，此物本非梅类，因其与梅同时，香又相近，色似蜜蜡，故得此名。”

蜡梅的花朵是黄色的，蜡质感极强。在有些地区，人们干脆就叫它“蜡花”“蜡木”。根据这一重要特征来命名，显然是最为客观的。而“腊梅”，说的是在腊月里开花，这就有些片面了。蜡梅并不只是在这个月里绽放。很多人都误将“蜡梅”写成“腊梅”，一些老版的词典，如《现代汉语词典》，也只收“蜡梅”这个词条，不作“腊梅”。近年来的辞书，大多已经恢复了“蜡梅”的真面目。《新华词典》《辞海》收录的是“蜡梅”，但都有下注：“也作腊梅。”《汉英词典》，记为“蜡梅”，英译是 winter sweet（冬天的香花）。可以这样理解：蜡梅为正名、大名，腊梅是俗称、小名。

花中四君子“梅兰竹菊”里的梅，岁寒三友“松竹梅”里的梅，还有很多咏梅诗词里的梅，到底指的是梅花还是蜡梅呢？上网一查，你会感到一头雾水，真乃众说纷纭，莫衷一是。

蜡梅开花较早，在江淮之间，国庆节前后可见花苞，11月下旬就能看到花了。梅花绽放，要比蜡梅晚两三个月。梅花在冬末春初的雪天里开放是正常的，因为降雪时的气温不一定很低。李白的“寒雪梅中尽，春风柳上归”，算是点明了梅花的花期。

梅花生于南方，天然分布在长江流域，黄河以南的温暖地带零星存在。蜡梅的分布则很广，黄河以北较为常见。就耐寒而言，蜡梅要比绝大多数的梅花强。

蜡梅的花香属于浓香型，也即明香，容易被人闻到。梅花是淡香型，幽香，似有若无，“香在无寻处”。

“暗香疏影”，是个成语，也是梅花的代名词。“疏影横斜水清浅，暗香浮动月黄昏”，这是北宋诗人林逋赞美梅花的传神名句。林逋就是林和靖，他隐居在杭州西湖孤山，种梅养鹤，终身不仕、不娶，人称“梅妻鹤子”。

“墙角数枝梅，凌寒独自开。遥知不是雪，为有暗香来。”这首梅诗是王安石二次罢相退隐山林时所作。他借梅言志，以梅花自喻。“墙角、凌寒、独自、暗香”，就是他的人生写照。

“已是悬崖百丈冰，犹有花枝俏。”冰柱百丈，那一定是极端寒冷了，这还会有梅花开吗？怕是蜡梅花吧？“百丈冰”，这是夸张修辞。这里吟唱的，还是梅花。毛主席一生偏爱梅花，他爱写梅、赏梅，还爱“听梅”，《红梅赞》这支歌曾经伴随他多年。

“万木冻欲折，孤根暖独回。前村深雪里，昨夜一枝开。”这是唐朝僧齐己《早梅》中的梅，认作蜡梅较合情理。当然，作者本人是否能分得清梅花和蜡梅也未可知。

“君自故乡来，应知故乡事。来日绮窗前，寒梅著花未？”王维这里说的寒梅，当是蜡梅无误。

李商隐的“寒梅最堪恨，常作去年花”，讲的也是蜡梅。

“江梅闲尽腊梅稀，又是红梅占晓枝。”诗人很懂花经，在这里对“梅”作了明晰的区分。江梅是梅花品系中较为原始的栽培类型，单瓣，5片。红梅是春梅的代表。

古诗词里的“梅”，大多是指梅花，但有的确实就是蜡梅。

到底是指蜡梅还是梅花，应着重从花的颜色、香味以及时令上去研判。应当指出，有些文人墨客，真的是没有弄清蜡梅和梅花的异同，他们是将二者混为一谈的。大多数语文老师也都是将两者混淆的，这岂不是委屈了蜡梅？

诗人陆游的《荀秀才冬日送蜡梅》：“与梅同谱又同时，我为评香似

更奇。痛饮便判千日醉，清狂顿减十年衰。”这第一句，显然有些不靠谱。这也无须责怪，古代没有严格的植物分类之说，很多人对梅花和蜡梅都是不作考量的。如此，便造成了今人的争议。

蜡梅只有黄色这一种颜色，即使花蕊不是，但花瓣也必定是，所以它也称黄梅、金梅。雪花与蜡梅，是自然界的“黄金搭档”，有人将它们比作一对情侣。二者相映成趣，互为一体。诗云：“有梅无雪不精神，有雪无诗俗了人。”雪后寻梅、霜前访菊、风外听竹，此乃高雅的生活情趣。

梅花，罕见黄色，少数杂交品种也只是略微泛黄而已。

咏梅的诗句不胜枚举，但吟唱蜡梅的却是凤毛麟角。因此常有人为蜡梅鸣冤叫屈，因为蜡梅的花期、香气和耐寒力均盖过梅花，但地位却在梅花之下。“林下虽无倾国艳，枝头疑有返魂香。”寒冬的野外，能有让死人闻香复生的花，虽然纯属夸张，但你还能找出比蜡梅更香的冬花吗？

“雪霜雨露年年事，惟有梅花地位尊。”在“二十四番花信风”及“中国十大名花”中，梅花都是位列第一。南宋诗人范成大在其所著《梅谱》里说：“梅，天下尤物，无问智愚贤不肖，莫敢有异议。”

梅花，色、香、形、韵兼备，风情十分了得。梅花有香气，也能抗寒。它的颜色多样，红、白、粉、紫都有，且色彩绚丽。早期的梅花都是5个花瓣，故有“梅开五福”之说。它是乔木，株型大，繁花似锦，气势非凡。梅花的枝干变化也多，有直有曲有垂拂，而蜡梅都是直枝。“梅以韵胜”，风采迷人。有诗人赞叹道：“雪满山中高士卧，月明林下美人来。”这两句诗，妙不可言，毛泽东颇为欣赏。

我国目前还没有法定的国花，历史上倒是曾有以牡丹、梅花为国花的。但以梅花为市花的城市不少，南京、武汉、无锡、泰州、梅州等都是，其中南京的梅花，历史久，品种多，数量大。南京梅花山梅园、武汉东湖梅园、无锡梅园和上海淀山湖梅园，被称为“中国四大梅园”。南京的梅花山，有“天下第一梅山”之美誉。

蜡梅，一般分为素心梅、虎蹄梅、磬口梅、金钟梅、狗牙梅5种。其中的狗牙梅最容易分辨。这种蜡梅花瓣尖似狗牙，香气稍淡，现在多用来作为嫁接砧木，盆栽的不多。然而这种蜡梅的适应性、抗逆性要比其他的强，很容易存活，北方栽培的要多于南方。

花瓣、花蕊都为黄色，无杂色相混的，叫素心蜡梅。有异色的，为荤心蜡梅。其实，不必去讲究什么名称，一般的养花人是难以辨识的。只要香气浓、花瓣多而厚重，那便是最好不过的了。

养花之家，梅花或者蜡梅至少会有一株。为什么呢？俗人意想是“五福临门”，雅人则以诗妙解：“寒夜客来茶当酒，竹炉汤沸火初红。寻常一样窗前月，才有梅花便不同。”

茉莉

Jasminum sambac

别　名　柰花、香魂、小南强
类　型　直立或攀缘灌木
科　属　木樨科素馨属
原产地　印度、中国南方
花　期　5～8月
果　期　7～9月

温度及光照

喜温暖，怕霜冻。生长适温25～35℃，25℃时孕蕾，开花适温32～37℃。20℃以下，不开花。气温降至10℃以下时，生长缓慢，开始进入休眠期。低于3℃时，枝叶易遭受冻害。3～4℃时要入室，清明后出屋。

喜强光、长日照，有“晒不死的茉莉，旱不死的蜡梅”之说。冬季入室后，要放在阳台等光线好的地方，不宜太阴暗。茉莉也可耐受半阴，但会发育不良，枝条细弱，叶片大而薄，叶色变淡，花开不多，香味也淡。

水分

喜湿润，畏干旱、水涝。若盆土排水良好，就不用担心浇水太多，要宁湿勿干。

对空气湿度要求较高，80%左右为宜。春、秋季要多浇水。夏季，早晚都要浇水，还要注意向花盆周围喷水。冬季要少浇水，保持盆土表层下面的泥土有潮气即可。开花期喷水时，要避开花朵，防止提早落花和香味消失。降雨时应挪动花盆避雨。

土壤

以微酸性沙土为宜，可以腐叶土为主进行配制。也可使用田园土，再添加塘泥、河沙、草木灰等。

肥料

喜肥，不耐贫瘠，1周左右施肥1次。冬季停止施肥。茉莉喜好动物的粪便，禽粪、畜粪、人粪尿均可。化学颗粒肥也可使用，中等大小花盆，每次放20粒左右。施肥最好在傍晚进行，盆土要稍干一些，第二天早晨再补给清水。

修剪

冬季进屋时，要适当修剪，弱小枝不要保留，以利于越冬管理。茉莉在新枝上开花。春季出屋时，再作较重的修剪，每根枝条只保留3～4节。

生长阶段要经常摘心。盛花期后适当进行重剪。修剪之后，浇水要适当减少。

茉莉春季发芽有时较晚，不能误认为是枯死，这点必须注意。

繁殖

可以扦插、压条或分株。扦插法，简便易行。无论是泥插还是水插，成活率都很高。具体方法可参照菊花。

病虫害

黄化病：土壤偏碱、肥料不足、干旱水涝等都会引起黄叶，应采取相应措施。

介壳虫：注意通风透光，可用布条抹除，或使用洗衣粉、风油精、红辣椒的水溶液喷杀。情况严重时，可使用药剂。

红蜘蛛：6～8月危害严重，看到受害叶片，要及时摘除。可使用花虫净、克螨特等药剂。

选购

最好在茉莉开第一期花前购入，即3～5月，这样赏花期较长。要选择枝条粗壮、节间短，叶片深绿、无虫痕，花蕾大、数量适当且分布均匀的苗木。

移栽或换盆

换盆可在早春或者秋末进行，要放些骨粉、饼渣、畜粪等作底肥。换盆后，应将盆栽放至散射光环境中缓苗，待生长恢复后正常管理。

十大香花

金银花

Lonicera japonica

别　名　老翁须、鸳鸯藤、金银藤、双花、忍冬

类　型　半常绿藤本

科　属　忍冬科忍冬属

原产地　亚洲东北部

花　期　4～6月

果　期　10～11月

温度及光照

喜阳，耐阴，过于荫蔽则生长不良。

生长适温15～25℃，可耐–30℃低温。16℃时开始发芽，随着气温升高，新梢生长迅速并开始孕育花蕾。气温高于38℃，或低于–4℃，植株生长将受影响。

水分

喜湿润，耐干旱及水涝，空气湿度宜为65%～75%，只有在长时间干旱无雨的情况下才对地栽苗进行浇水。盆栽金银花需水量较大，多浇无妨，要宁湿勿干。

土壤

对土壤要求不严，以湿润、肥沃、深厚的沙壤土为宜。

肥料

春季发叶抽枝时，多施复合肥、磷钾肥。花后施一次氮肥，然后再施磷钾肥。四季金银花需肥量大，养分足够才能保证连续开花。

Q&A 疑难解答

浇不进水肥怎么办？

可采取戳洞进行穴施。

金银花的藤和花都可入药，花尤佳。若只是闻香，那还是刚刚绽放的好，可在清晨摘下放进衣袋里或者花瓶中。除了药用，暑天拿来泡水喝也不错。将5克左右的金银花置入杯中，倒入开水后加盖，几分钟后即可饮用。水温要高些，可在杯中加进绿茶、蒲公英或者冰糖、蜂蜜等。

修剪

在初冬到发芽前进行，剪枝要与整形相结合。一般是旺枝轻剪，弱枝强剪，每枝都要剪。细弱枝、枯老枝、内膛枝、萌蘖枝等无用枝，要全部去除。修剪后要追施一次氮肥，促使下茬花的早发。

繁殖

金银花的繁殖非常容易，枝条落地遇水就能生根，并可在当年生新枝上孕蕾开花。采用播种、插条、压条、分根等方法均可。

病虫害

病虫害较少，发病较轻，一般多出现在叶片上，发现后去除病叶、害虫即可。

选购

金银花有攀缘型和树型两种，若盆景观赏，建议选择树型的，最好买大一点的苗，方便管理。

移栽或换盆

换盆最佳时间是春季。这段时间植株生长十分迅速，此时换盆对植株的影响最小，可以保证植株迅速恢复生长。换盆之前必须要修剪根部，剪去老弱病残的根系。之后将植株放在阴凉通风的环境中，待到伤口完全晾干之后才能栽种。花盆要大些，泥土要柔软些，还要注意经常松土。

Q&A 疑难解答

金银花缠绕方向正确吗？

攀缘型的缠绕方向和生长方向有左手性的规律。只有缠绕方向正确，花藤才会越缠越紧，否则会脱落。

代代花

Citrus × aurantium

别　名　回青橙、玳玳橙、酸橙、枳实
类　型　常绿小乔木
科　属　芸香科柑橘属
原产地　中国南部
花　期　4～5月
果　期　9～12月

温度及光照

不耐阴，要求光照充足、通风良好。生长适温20～30℃，能耐−4℃的低温。在江淮之间一般都是室外越冬，若低于−4℃，应采取防冻措施。盛夏小苗需遮阴，立秋后置于阳光下养护，冬季转移到室内御寒，也可放置在室外的避风向阳处。5年以上的苗，夏季不需遮阴。

水分

较耐湿，但浇水也不能太勤，要见干见湿。冬季要少浇水，干透浇透，而且要注意水温。干花湿果，开花时少浇水，长果时多浇水。如水分不足，容易落果。

除正常浇水外，还要经常喷水，保持一定的环境湿度。

Q&A 疑难解答

植株冻伤后怎么处理？

冻伤后可在冬末春初时剪去全部枝条，大多可重新萌发枝叶，但当年不能再开花了。

土壤

根系发达，对土壤要求不严，以透气、肥沃的微酸性土壤为宜。盆土可使用腐叶土或泥炭土，再加入园土和少量粗沙。

肥料

喜肥，要以磷钾肥为主。氮肥过量，开花不多。栽植时，放饼肥、畜粪、骨粉、草木灰等作底肥。花前追施液肥2～3次，果熟后每20天追肥1次，以促进果实生长。生长季节每隔10天施1次稀薄肥水，每月施矾肥水1次。花芽分化期增施1次速效磷肥，以利孕蕾和结果。

开花前后忌施氮肥，开花时停止施肥，以免落花。

修剪

代代花是在当年生枝条上开花，所以春季发芽之前，要进行强修剪，以促使侧枝萌发，每枝可留2～3个芽点。花期过后，小果实很多，应进行多次疏果，最后以每枝1果为宜。对待长枝要及时修剪，以使养分集中供应结果枝。

繁殖

主要采用扦插繁殖，通常在梅雨时节进行。取1～2年生健壮枝条，剪成几段，长度在8厘米左右，去除下部叶片，只保留上部2～3片叶。由于代代花生根不易，所以扦插时数量要多点，技术要到位，包括取枝、消毒、管理、介质选用等。生根活棵之后，放进大盆里，添加些泥土，注意不要损伤根系。第二年春季，可再进行移栽定植。扦插苗，也得3年左右才能开花。

病虫害

叶斑病：叶片出现褐色斑点并逐渐扩大，可使用波尔多液喷雾。

介壳虫：高温高湿易发生，易产生煤烟病，可用清水擦洗。虫子数量不多，宜人工捕杀。

凤蝶：特别钟情于代代花。喜在其叶片上产卵，卵孵化为幼虫就会蚕食叶片。若发现叶片受损，应仔细检查，将害虫清除。

选购

网购的苗极难如意，大多买到的是实生苗，或是橘子、柚子等。建议去实体店购买。

移栽或换盆

代代花生长很快，根系又很发达。盆栽应每年翻盆换土1次，并施适量长效基肥。不宜经常挪动花盆，特别是在开花、结果阶段，那样容易落花、落果。

米兰

Aglaia odorata

别　名　兰花米、鱼子兰、山胡椒、米仔兰
类　型　常绿小乔木或灌木
科　属　楝科米仔兰属
原产地　东南亚、中国南方
花　期　5～12月
果　期　7月至翌年3月

温度及光照

喜光照、温暖、湿润，生长适温20～25℃。稍耐阴，但不耐寒。10℃以下时，生长停止。5℃时，应移至屋内。春季出屋很晚，要在茉莉、白兰之后，江淮之间，应在谷雨前后为宜。清明前后不宜放在室外，此时气温尚不稳定，可能还会出现5℃以下的低温。

TIPS

冬季放在南阳台较妥，注意勿关窗，以保持适当的空气流动，同时要避免冷风直吹，否则会引起大量落叶甚至死亡。

米兰耐高温，夏季不需遮阴，温度高、阳光好，花的香味就浓。

水分

夏季，早晚都要浇水。气温很高或者湿度太低，要注意给植株和地面喷水。秋季，盆土不要过湿。冬季，要少浇水，保持土壤有潮气即可，半月可浇一次透水，但不可等盆土全部干透。盛花期，要减少浇水量，防止落花。

土壤

以疏松、肥沃的微酸性土壤为宜。盆土以腐叶土为主，再加些营养土和河沙等。

肥料

米兰一年多次开花，所以需较多的肥料，要以磷钾肥为主，最好选用一些骨粉、禽粪等。大苗多施，小苗少施，每周保持施薄肥1次。若枝叶不旺，叶色不浓，那就应加些氮肥。冬季进屋后，不再施肥。

修剪

根据长势随时进行。春季出屋时，要进行一次较大的修剪。根据造型需要，剪掉枯枝、弱枝、重叠枝、内膛枝等无用枝。小苗时，就要开始整形，主干不要留得太高，高25厘米较为合适。有时会出现徒长枝和少量枯枝，应及时截短或剪除。

繁殖

常用压条和扦插。扦插于高温高湿时段进行，新枝、老枝均可。

压条应在梅雨季节进行。选取健壮枝条，于基部20厘米处环状剥皮，宽为1厘米。然后用苔藓或泥炭等将去皮部位进行包裹，再用塑料皮包扎并扎紧。上部要留有缝隙，便于浇水，要始终保湿。2～3月后视生根情况予以截取移栽。压条法繁殖的小苗，当年即可开花。

病虫害

蚜虫：少量零星发生，可用牙刷去除或用洗衣粉、风油精等水溶液喷杀。严重时可引发煤烟病，用吡虫啉、噻嗪酮等药剂。

茎腐病：茎干上发生，发病初期为黑色小斑，后病斑扩大，绕茎一周后，引起植株死亡。发病初期可用0.5%~1%波尔多液或70%甲基硫菌灵800倍液涂抹患处。

花盆摆放不宜密集，利于通风。入冬前，全面清除地面的残枝败叶等杂物，喷洒一遍消毒杀菌药剂。

选购

选新鲜、健壮、根系完整的植株，如果新枝条上都是5片小叶，这种米兰有香气；若发现其顶部枝条上为7片小叶，这种米兰几乎没有香味。

移栽或换盆

若长势很好，就不必换盆，四五年都不要动土。栽植多年的米兰盆土表面会有较厚的一层落叶，不妨继续保留，不必清除，这既能保护根系，也是一种慢性肥料。上盆时，要放底肥。

九里香

Murraya exotica

别　名 石桂树、千里香、过山

类　型 常绿小乔木或灌木

科　属 芸香科九里香属

原产地 亚洲热带地区

花　期 4～8月

果　期 9～12月

温度及光照

喜阳，应放置在阳光充足处，夏季可不遮阴。生长适温20～32℃，低于0℃会冻坏，4℃左右时应进屋。

水分

喜湿润，也耐旱。浇水要见干见湿，浇水过多会引起徒长，甚至烂根。孕蕾前，要适当控水，以利于花芽分化。室内越冬，也要适当浇水。

土壤

对土壤要求不严，以疏松、排水良好、肥沃的沙质土壤为宜。

肥料

较喜肥，平时每半月施肥1次，以复合肥为主。孕蕾前，要多施磷钾肥。

修剪

枝条长得过于茂密旺盛，开花自然会受到一定影响。长枝要短剪，密枝要疏剪。修剪的时间多在春、秋季，以春季修剪为主。

盆栽九里香不宜让其长得过高。为了控制高度，要进行摘心，这样可增加枝条数量，还可使树形美观。主枝和侧枝都爱冒出一些侧芽，一般都得及时抹掉。如任其生长，势必会影响株型，也不利于通风。

根部生出的芽苗，一般都不保留。树叶太多，也得适当摘去一些，特别是那些黄叶和老叶。

繁殖

以扦插繁殖为主，在6月前后进行，选1年生健壮枝条，剪成长10 ～ 15厘米的小段，每段有4 ～ 5节，下部叶片剪去，仅留顶端2 ～ 3片叶，插入介质。放在阴凉处，注意保湿，1个月左右便可生根。扦插早的，当年可以移植；扦插晚的，来年春季移植。压条和扦插繁殖的苗开花很快。种子繁殖的苗则要等上3 ～ 4年。

病虫害

高温干旱季节，会出现红蜘蛛。在叶片的两面能见到针头大小的红色小虫，它们吸附在叶片上刺吸汁液，危害严重时可导致叶片失绿、黄化，甚至落叶。可用药剂喷杀，也可用25倍的红辣椒水溶液。在嫩叶生长期，可以喷洒敌百虫等水溶液，提前进行干预。

天牛、凤蝶、金龟子、卷叶蛾，也可产生危害，一般人工捕捉即可。

选购

在市场购买要选新鲜、健壮、株型良好的植株。小叶九里香适合做盆景，大叶九里香适合在海南、广东等部分地区种植。

移栽或换盆

最佳上盆时间为10月左右，5月也可以换盆，但在冬季和夏季，最好不要上盆，避免对植物根部造成伤害。换盆时，根须也应修剪，可促进以后的长势。栽植时，要放底肥，如饼肥、骨粉、畜禽粪等。

下图为种子繁殖的小苗，可用双盆来养，上面是栽植盆，下面是盛水盆，这样可以减少浇水次数。

含 笑

Michelia figo

别 名 香蕉花、山节子、唐黄心
类 型 常绿灌木
科 属 木兰科含笑属
原产地 中国华南地区
花 期 3 ~ 5月
果 期 7 ~ 8月

温度及光照

喜温暖、湿润、半阴的环境。生长适温15 ~ 32℃，能耐高温，但盆花要避开烈日直晒。秋冬季节，要增加光照。比较耐寒，在江淮之间，室外栽植的较多，多为露地越冬，可耐−10℃低温。室外的盆栽小苗，在−3℃时要适当保暖。

有些嫁接苗，由于所使用的砧木不耐寒，因此比较怕冻，气温低时会落叶，但根系还是好的。

水分

喜湿润，浇水要见干见湿，空气湿度以60%为宜。春季是生长旺季，要适当多浇水，保持盆土的湿润。夏季需水量较多，还要注意多喷水，增加环境湿度。秋季浇水要适当减少，冬季要更少些，但要注意空气湿度。开花时，少浇水。盆土不能有积水。

土壤

宜使用疏松肥沃的酸性土壤(pH5.0 ~ 6.5)。盆土配制以腐叶土为主，再加入田园土、营养土以及少量粗沙。塘泥、木炭、泥炭土等也可以使用。

肥料

含笑花量大，肥料必须充足。春季需肥较多，可每周1次。先施

1～2次以氮肥为主的肥料，然后再施磷钾肥，肥液中要加入适量硫酸亚铁。花后施多元性复合肥。入冬前在盆内埋些畜禽粪，以利越冬。高温或低温时段不施肥。地栽含笑，很少需要浇水或施肥。

修剪

适当修剪，不宜过重，主要是为了通风和美观。春季萌芽前，要适当剪除一些枝叶，包括细弱枝、内向枝、平行枝以及老叶等。

盆栽小苗长至10厘米高时，要进行摘心。为控制长势，可酌情予以二次摘心。

繁殖

多采用扦插繁殖。扦插时，取健壮枝条剪成长10厘米左右的小段，上端保留1片叶，下端1厘米处的四周表皮稍去除，经过生根剂处理后插入基质。扦插季节以春、夏季为宜，最好用塑料袋套住，以利保湿。秋季也可以扦插，但对小苗越冬不利。

病虫害

炭疽病：多发于梅雨季节，可危害叶、花、果实，可用百菌清、波尔多液、甲基硫菌灵等药剂防治。

花木扦插，不宜采用细弱枝、徒长枝、下垂枝。久雨或久旱时，也不适合花木的扦插，成活率很低。

叶斑病：阴暗潮湿、通风不畅、花盆摆放过密等均可诱发该病。

病叶和落叶要及时移除。

选购

选择新鲜、健壮、株型良好的植株。

移栽或换盆

生长较快，2年左右换盆1次，初春时进行。换盆或翻盆时，根部也要修剪。含笑的根不耐移植，移栽时，建议带土球种植。上盆时，要放入底肥，如饼肥、骨粉、畜禽粪、颗粒复合肥等。

瑞 香

Daphne odora

别　名　睡香、蓬莱紫、风流树、毛瑞香、千里香、山梦花
类　型　常绿灌木
科　属　瑞香科瑞香属
原产地　中国长江流域以南
花　期　3 ~ 5月
果　期　7 ~ 8月

温度及光照

喜温暖、凉爽，在通风良好的散射光环境下生长最好。生长适温15 ~ 25℃，开花温度在15℃以上。不耐寒，气温在3℃左右时要进屋。春、秋季要增加光照，但光线过强时，仍应将盆花放置于散射光环境下。气温30℃时植株就会停止生长进入休眠，整个夏季都必须遮阴并保持良好的通风。冬季最好放于南阳台，此处采光和通风较好。

水分

浇水要间干间湿，待盆土干到一半或接近半干时，再浇透水。

夏季养护要始终保持盆土微微湿润，此时不宜间干间湿，更不能干透浇透。要注意大雨，严防盆土积水。开花期适当扣水、遮阴，可延长花期。夏季水分掌控必须恰到好处，空气湿度以70%为宜。

冬季室内通风不好，盆土要保持偏干状态，若浇水过多会落蕾。有暖气时不宜直接放于地面，摆放位置要高一点，悬于盘水之上，还要注意开窗通风。

土壤

宜采用疏松、肥沃、排水良好的微酸性沙壤土，碱性土质不可采用，否则养不好。应根据苗情，使用硫酸亚铁。盆土配制为田园土、腐叶土、河沙，比例为2：2：1。可用泥炭土、蛭石代替腐叶土及河沙。高端产品常采用无土栽培。

肥料

瑞香喜肥，生长阶段20天左右施肥1次。现蕾时施磷钾肥；花后施氮钾含量高的复合肥；入冬前要施1次复合型越冬肥；夏季气温超过30℃时不要施肥，若长势好，可略施薄肥。平时施肥以农家肥为主，结合使用颗粒性缓释肥。

修剪

花谢后，对残花枝条进行短截。若株型较小，剪掉2～3片叶即可，也可暂时不剪。为了树形的美观和透风采光，要剪去一些徒长枝、交叉枝、过密枝、重叠枝。影响美观的叶片不要保留，包括黄叶、变形叶、遮花叶等。盆栽瑞香要适时打顶，避免长得太高，有利于促发侧枝。

繁殖

以扦插繁殖为主，春、夏、秋季均可进行，水插、泥插均可。选取1年生健壮枝条，截为8厘米长的小段，保留顶端2片叶子，经消毒剂和生根剂处理后，晾干插入基质，放置于阴凉通风处。基质不要太潮湿，注意喷水即可。

病虫害

抗病性较强，偶有蚜虫、介壳虫、红蜘蛛发生。

选购

瑞香售价较低，每株20～30元，购买时避开夏季。瑞香种类较多，其变种金边瑞香最为人爱。

移栽或换盆

换盆宜在早春，换盆年限并无明确的要求。如盆体合适、生长良好，3～4年也不必换土翻盆。长势差甚至出现烂根情况，那就必须翻盆。最好使用陶盆栽植，盆口不要大，盆体稍深。盆下部应为滤水层，放上陶粒、树皮、丝瓜络等。换盆时，要对根、茎、叶进行适当修剪。上盆时，要放入底肥。

迎 春

Jasminum nudiflorum

别　名　小黄花、金腰带、黄梅、清明花
类　型　常绿灌木
科　属　木犀科素馨属
原产地　陕西、甘肃、四川、西藏
花　期　2～4月
果　期　不结实

温度及光照

喜光，耐寒，也稍耐阴。迎春花分为南北两种，南迎春是常绿灌木，带叶开花，不太耐寒；北迎春是落叶灌木，先花后叶，株丛较小，在华北地区，可露地越冬。

水分

耐旱，不耐涝，注意防积水。

土壤

喜疏松肥沃和排水良好的沙质土，在酸性土中生长旺盛，碱性土中则生长不佳。根的萌发力非常强，枝条着地部分极易生根。

肥料

开花前，适当施肥2～3次。地面栽植，如土质尚可，不施肥也行。

修剪

枝条容易下垂，开花后短剪，可将长枝条从基部剪除，促使萌发新枝。秋、冬季，适当整形，剪去老枝和过密枝。夏季也可适当修剪。

繁殖

极易繁殖，压条最为简便。嫩枝扦插，宜在春末夏初进行，插后遮阴，保持湿润即可。

病虫害

叶片容易出现病害，如褐斑病、灰霉病、花叶病等，但一般所受危害并不严重。蚜虫多发生于花后的雨季。

选购

迎春有很多品种，根据个人喜好选择。虎蹄迎春，特别是皇城虎蹄，花大色艳，枝节间距很短，能达到爆花的效果，盛开时满树见花不见枝。龙爪迎春最容易管理，相同环境下最容易成活。

移栽或换盆

换盆多在春、秋季进行，需要修根，主要是剪除老弱枯根、生长过长的根，这样可有效刺激植株萌发新根。不过，为了确保上盆后植株有足够的养分维持良好的生长，通常还需要在盆内加入一些豆饼等有机肥作基肥。

迎春与梅花、水仙、山茶，合称为“雪中四友”。它没有蜡梅那般清高，也不像山茶那样畏暑惧寒。其花容并不出众，也无香气，但它坚忍不拔，不择环境，而且多在春节前后绽放。那亮丽的黄花，灿若金星，实在是冬天里不可多得的一抹亮色。

这花有个美丽动人的传说。大禹治水时，有位姑娘为他介绍水情，还帮他烧水做饭。很快，姑娘喜欢上了这个为民造福的青年。分别时，姑娘为其送行，依依不舍。禹说：“请回吧，多谢了！我治不好水是不会回来的。”姑娘含泪作答：“去吧，我会在这里等你。”大禹将束腰的荆藤解下，送给姑娘。姑娘抚摸着腰带，坚定地说：“记住，我就在这里，一直等你到荆藤开花。”

多年后，河渠通畅，水流入海，百姓安居。这时，大禹又想起了那位好姑娘。回来寻她时，不料美人已经变成了石像。周围的荆条遍地，金黄色的花朵笑脸迎人。为了纪念这位姑娘，大禹就给这荆藤花取名“迎春”。所以，迎春也叫“金腰带”。花语是相爱到永远。

樱花

Prunus yedoensis

别　名　日本樱桃、东京樱花
类　型　落叶乔木
科　属　蔷薇科樱亚属
原产地　日本、中国
花　期　4月
果　期　5月

温度及光照

温带和亚热带树种，喜温暖和光照。生长适温18～25℃。耐寒，在华北地区可以露天越冬。温度过高或过低，均可能导致不开花。樱花盛开的适宜温度在20℃左右。

水分

根系较浅，喜湿润，忌积水，有一定的耐旱力。喜较高的空气湿度，高温干旱季节盆花要多喷水。

土壤

对土壤的要求不严，以疏松肥沃、排水良好的微酸性或中性的沙质土壤为宜，不耐盐碱。

肥料

每年施肥3～5次，以冬肥和花后肥这两次最为重要。在冬季或早春时使用豆饼、畜禽粪等有机肥；落花后可使用复合肥，化肥和农家肥均可。小苗要多施氮肥，促其生长；大苗要多施磷钾肥，以利开花。栽植时，要放些农家肥作为底肥。

修剪

修剪主要是剪去细弱枝、枯死枝、徒长枝、重叠枝及病虫枝等无用枝，使树体处于良好的通风透光状态。

有些樱花品种花谢后的修剪，应以“疏”为主，而不要轻易短截。樱花的5种花枝中，混合枝、长花枝的顶芽和部分侧芽为叶芽，可萌芽抽枝；中花枝、短花枝和束状花枝仅顶芽为叶芽，能萌芽抽枝，而侧芽几乎全为花芽。花谢后若将中花枝、短花枝进行短截，由于顶芽被短截掉，那么这些枝条将成为废枝而慢慢枯死。

修剪时要注意剪口离剪口芽的距离以及剪口角度和方向，否则剪后易出现干桩或削弱剪口芽生长势。正确的剪口是剪口稍有斜面，斜面上方略高于芽尖，斜面下方略高于芽基部。这样创面小，易愈合，有利于发芽抽枝。

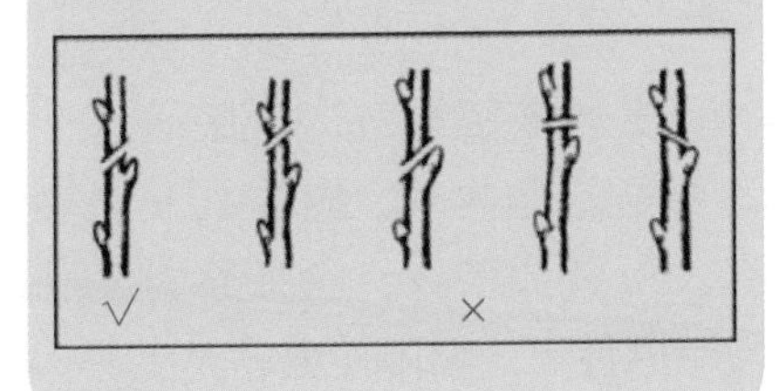

繁殖

扦插：春季扦插，用1年生老枝；夏季扦插，用当年生新枝。

嫁接：在春、秋季进行，砧木多为山樱桃的实生苗。

病虫害

病害主要是黑斑病和叶枯病，虫害有蚜虫、红蜘蛛、介壳虫，对症治疗。

选购

樱花为乔木，株型较大，采用盆栽的方式，最好选择株型矮小的品种，如御衣黄、矮枝垂、旭日、高砂等。樱花最适合地栽，盆栽的局限性很大，盆体要大些，还应选用矮化品种。为了控制高度，在植株长到50厘米左右时，可使用矮壮素。当苗高70～80厘米时，应将主干剪断，促使多生侧枝。

移栽或换盆

樱花的最佳换盆时间是早春2～3月，此时为萌芽期，换盆不会对樱花的生长造成较大的影响。早春的温度最好稳定在10℃以上再换盆，这样有利于樱花快速恢复生长。

碧 桃

Amygdalus persica var. *persica* f. *duplex*

别　名　千叶桃花
类　型　落叶乔木
科　属　蔷薇科桃属
原产地　中国
花　期　3～4月
果　期　8～9月

温度及光照

喜温暖和光照，既耐低温又耐高温，不会因温度问题致死。若过于荫蔽，则开花不多，质量不高。气温10℃时，开始落叶。

水分

耐旱，畏水湿，容易被闷死。要防止长时间的阴雨，盆土不能有积水。

花期水分消耗较多，盆土要保持湿润。若花期浇水过多，光照又强，花期就会缩短。

TIPS

7～8月是碧桃花芽分化的时期，这是决定来年花情的关键时期。此时要适当扣水，并且停止使用氮肥，使其能够更好地进行花芽分化。

土壤

要求疏松透气，盆底滤水一定要好。上盆时，应放入一些果壳、松针、煤渣、丝瓜络等。忌使用碱性大、黏附性强的泥土。

肥料

碧桃喜肥，定植的时候，要施一些基肥，肥料的种类可以宽泛一些。开花之前，施磷钾肥或复合肥。花后和入冬之前，也要施一些肥料。

修剪

整形修剪以冬季休眠期修剪为主，以夏季修剪为辅，夏季修剪主要是摘心促分枝。

盆栽碧桃，尤其是小盆，必须控制好高度，因此修剪很重要。花主要在新枝上开。所以花后要进行短截，一般要剪掉1/3，这样可以促发新枝。

顶端优势过强时，要进行摘心。冬季修剪时，可酌情对主枝再予缩剪，侧枝只保留2～3个芽点。

虽然碧桃是乔木，但也适合盆栽，其高度是可控的。盆栽碧桃，通过矮化处理，高度可不足半米，管理方便。

繁殖

主要采用嫁接繁殖。首先要选择花色美艳、生长状况良好的碧桃接穗，然后以山毛桃等来作为砧木，在春季或初夏进行芽接或者枝接。

病虫害

碧桃比较常见的病害有缩叶病、流胶病和炭疽病，虫害有蚜虫、介壳虫、红蜘蛛和蛾类。

在碧桃休眠期，可用多菌灵等杀菌剂涂抹树干，提前预防病害。生长期用多菌灵、甲基硫菌灵等药剂喷洒。碧桃叶片皱缩卷曲以及提早落叶比较常见，应喷洒硫酸铜或波尔多液等药剂防治。

选购

购买盆栽苗，要求植株矮壮，叶面浓绿、有光泽，花为重瓣或半重瓣，花苞多。

Q&A 疑难解答

如何延长花期？

碧桃花期不长，一般在10天左右。为了延长观赏时间，应将其放在阴凉处，少浇水，保持盆土微微湿润。在水里适当加点米醋，可以使花朵保持新鲜。

移栽或换盆

换盆前需要先停水松土。通常在春季（4～5月）或秋季（9～10月）换盆。换盆一定要选在晴天进行。如果有老根和死根，要及时将其剪除，用草木灰或多菌灵涂抹一下剪口。

贴梗海棠

Chaenomeles speciosa

别　名　皱皮木瓜、铁脚梨、毛叶木瓜
类　型　落叶灌木
科　属　蔷薇科木瓜海棠属
原产地　中国
花　期　3～5月
果　期　9～10月

温度及光照

喜光照充足，也耐半阴。生长适温15～28℃。低温、高温均能耐受，在华北地区也可露地越冬。冬季气温低于–20℃时，注意防寒。

水分

较耐旱，怕水涝，适量浇水保持盆土略微湿润即可，不必多浇。浇水一定要注意盆土的持水情况。花期及生长期水分应当充足一些。

土壤

耐贫瘠，对土壤无特殊要求，疏松透气即可。排水良好的肥沃壤土为宜。

肥料

春季发芽时需施有机肥；夏季生长期需要增施复合肥料；秋末落叶时需要追肥，以保证植株的养分平衡；冬季应施足畜禽粪、饼肥或者骨粉。

修剪

贴梗海棠的长势较快，发枝较多，耐修剪。花朵主要是集中生于2年生枝条上，花谢之后，将枝条短截，根据花盆的大小和腋芽的强弱，长度保留10～15厘米。腋芽壮实的，枝条不妨多留一些；腋芽瘦弱的应短截或者不予存续。短枝上的花比较多，所以不用保留长枝。

开春时，将没有花蕾的枝条截去或剪短，可促使其开花。夏季生长旺盛期，要进行摘心。

Q&A 疑难解答

如何更新开花枝？

要注意开花枝的更新，很多人认为贴梗海棠是老枝开花，对所有新生枝条都予以疏除，此法非常不妥，因为贴梗海棠的开花枝不是越老越好，而是3～5年生的枝条开花量最多，因此，不能一味保留老枝，正确的方法是逐年更新开花枝。

繁殖

繁殖采用分株、扦插、压条或播种均可。

其中，分株法最简单、易成功。贴梗海棠萌蘖力很强，常有新枝出土。分株一般在秋季或早春进行，挖出母株，分割后移栽，分成每株2～3个枝干，3年后又可分株。一般在秋季分株后假植，以促进伤口愈合，翌年春天即可定植，次年即可开花。

扦插多在花后进行，以夏季最为合适。选取健壮枝条，将其截成长5～10厘米的小段，剪去下部的叶片，插入沙粒或培养土中，深度为插穗的1/3～1/2，然后浇透水，覆上薄膜，放于阴凉处。要注意保湿，1～2月生根长叶后移栽。扦插苗当年是不能开花的，2～3年后方可见花。

病虫害

夏季比较容易出现锈病和褐斑病，且面积较大。遇到阴雨连绵，极易发生。病害发生之前，可喷洒敌百虫、多菌灵、波尔多液、代森锰锌等溶剂。

蚜虫可喷洒吡虫啉、噻虫嗪等药剂。风油精加洗洁精等方法，也可用来喷杀蚜虫。

选购

盆栽贴梗海棠，要求植株矮壮，枝条分布均匀，生长整齐，叶面深绿光滑，花苞多。如果叶片较少建议不要购买。

移栽或换盆

贴梗海棠一般隔2～3年换盆一次，最好在春季花后进行，也可以在秋天换盆。换盆时结合修根，并在盆底施入底肥。不可在开花期间换盆。

更多有关养花的知识！

海棠四品

贴梗海棠原产中国，分布较广，它与木瓜海棠、西府海棠、垂丝海棠合称“海棠四品”。贴梗海棠、木瓜海棠属于蔷薇科、木瓜属，西府海棠、垂丝海棠为蔷薇科、苹果属。贴梗海棠的园艺化程度很高，栽培最为普遍。木瓜海棠是贴梗海棠的变种，两者关系极近，辨识不太容易。

贴梗海棠叶片较小、较圆，卵形至椭圆形。花梗不长，并非完全紧贴树枝。果实小，外表稍有皱缩，所以它又叫“皱皮木瓜”。贴梗海棠的枝条像铁丝，嫩枝是紫黑色，老枝为暗褐色，所以贴梗海棠也叫“铁杆海棠”“铁脚海棠”。贴梗海棠为丛生落叶小灌木，枝条长有较长的硬刺，叶缘有明显锯齿，3～5朵花簇生。其花色主要为大红、粉红，白花的较少。贴梗海棠的花朵颜色会发生变异，同一棵苗会开出2种颜色的花或者同一朵花出现2种不同颜色的花瓣。

木瓜海棠叶子较长，长椭圆形至披针形。花梗短粗或近于无梗，萼筒钟状，明显长于其他种类的海棠。木瓜海棠的果实较大，表皮光滑，可以食用，但与水果木瓜是两回事。

西府海棠的枝条收拢直立，花梗比垂丝海棠的要短一些，一般为绿色。花朵多朝上直立开放，花蕾红艳，绽放后粉中带白。西府海棠因晋朝时生长于西府而得名，西府是陕西关中平原西部的泛称，常指宝鸡地区，宝鸡的市花就是西府海棠。西府海棠的花蕾次第开放，与花朵并存，红白相映，不像垂丝海棠那样集中开放，因此要更显得好看。

垂丝海棠的枝条披散，花梗细长，多为紫红色，呈下垂状，是最容易辨认的。

海棠一般没有香味，西府海棠也只稍有淡香，但很多人闻不出。

唐明皇曾经说过“海棠睡未足耳”，讲的是杨贵妃的醉酒状态。尔后“海棠春睡”便成了典故，诗人和画家常以此为题留下了不少笔墨。

《红楼梦》也曾经多次提到“海棠春睡”，有诗也有画。

“枝间新绿一重重，小蕾深藏数点红”，诗句描写海棠初春花蕾待放的情景，逼真动人。“东风袅袅泛崇光，香雾空蒙月转廊。只恐夜深花睡去，故烧高烛照红妆。”苏轼的这首《海棠》写得相当好，广为人知。“只恐夜深花睡去”，这一句写得痴绝，是全诗的亮点。后来的文学作品常以海棠指代杨玉环，也称海棠为“华贵妃”，或者将美女比作海棠。宋朝杰出的女词人李清照也以海棠为依托，留下了精美辞章：“昨夜雨疏风骤，浓睡不消残酒。试问卷帘人，却道海棠依旧。知否，知否，应是绿肥红瘦。”

海棠是我国重要的观赏花木，花色明艳动人，有“国艳”之美誉。它耐旱、耐寒，也耐贫瘠，因此管理较为粗放。盆栽海棠，株型可大可小，容易掌控及料理，很适合家庭栽植。

贴梗海棠

木瓜海棠

西府海棠

垂丝海棠

虞美人

Papaver rhoeas

别　名　丽春花、小种罂粟、苞米罂粟、跳舞草、赛牡丹
类　型　一二年生草本
科　属　罂粟科罂粟属
原产地　欧洲
花　期　3～8月
果　期　3～8月

温度及光照

喜冬暖夏凉及阳光充足。盆栽虞美人忌暴晒。不耐高温，夏季要适当遮阴。生长适温15～28℃。耐寒，可经受−15℃的低温。昼夜温差大，有利于生长、开花。

水分

不耐湿，较耐旱。地栽虞美人一般不需要浇水，盆栽虞美人3～5天浇水1次。越冬时少浇，开春后适当多浇。

土壤

喜排水良好、疏松肥沃的沙壤土。山地生长，甚为合适。

肥料

每月施肥1次，不必频繁。开花前要施1次磷钾肥，现蕾时可喷施磷酸二氢钾等叶面肥，花后不需要施肥，越冬时施1次复合肥。

> 平时氮肥少施。由于其茎秆较弱，所以钾肥要多一些，这样可以壮筋骨、抗倒伏。
> TIPS

修剪

盆栽虞美人要进行摘心，以便促生分枝和控制高度。分枝多，花就多。幼苗长至5厘米且有6～7片叶时，进行第一次摘心。

地栽虞美人可任其生长，数量不多的最好也打顶。若不准备留种，应及时剪掉未落尽的残花。

繁殖

常采用播种繁殖，春、秋两季均可进行。一般在春季拌适量细沙露地直播，当幼苗长出5～6片叶时进行间苗、定植。也可种植于花盆中，先放底肥。每盆5～10粒种子，不必太密。种子下土后，上面用细土覆盖，要保持一定的湿润度。萌芽速度受气候和品种影响，通常20天左右可以出芽。幼苗娇嫩，补水不宜浇灌，以喷水为宜。盆栽株距约10厘米。

无论地栽还是盆栽，均不宜连作。

病虫害

虞美人的病虫害较少，容易种植。阴暗、潮湿、通风不良时，会出现褐斑病等叶部病害。

常见虫害为蚜虫，主要群集于植株嫩梢危害，可喷施吡虫啉防治。

选购

许多种子专卖店可以购买到虞美人的种子，网上购买要找正规、信用好的商家。

移栽或换盆

虞美人不适合移栽，移栽后长势差、分枝少，花也不好看。若一定要移植，不能过早，宜在阴天进行。要尽量多带泥土，不要触及根部。

Q&A 疑难解答

虞美人与罂粟有什么区别？

虞美人与罂粟是同科同属，为近亲，国外人称其为小种罂粟（corn poppy）。乍一看两者确有几分相像，单看花朵或者幼苗，比较难辨。如全面观察，还是很容易区别的。虞美人花瓣单薄，质地柔嫩，茎秆呈明显的毛茸茸状，花径和果实不大，整体上显得纤细柔弱。罂粟花瓣厚实有光泽，茎秆光滑呈粉状，花径和果实较大，整体上显得厚重健壮。

虞美人

罂粟

石 榴

Punica granatum

别　名　安石榴、山力叶、丹若、若榴木、天浆
类　型　落叶乔木或灌木
科　属　石榴科石榴属
原产地　伊朗及其周边地区
花　期　5～8月
果　期　9～10月

温度及光照

喜光照和温暖，12℃时植株开始萌芽，生长适温15～26℃。10℃会落叶，地上部分进入休眠。耐寒，−15℃时不会冻坏。也耐高温，盆花在夏季不需要遮阴。

背风、向阳、干燥的生长环境，有利于花芽分化和花朵绽放。生长期和花果期均需多晒太阳。昼夜温差大果实糖分易积累。

水分

耐旱，忌水涝。宜干不宜湿。

土壤

对土壤要求不严，山地、丘陵、平原、河滩都可以种植，以疏松通气、保肥蓄水、营养丰富的沙质土壤为宜。盆土宜用田园土、腐叶土、厩肥、细沙等混合调配。

肥料

石榴开花量大，果实种子多，因此对肥料的需求高。落叶前后，要进行追肥。冬季不可施肥。生长期每月施肥1次。从萌芽到现蕾，以氮肥为主，促生枝叶。长势过旺时，要减少氮肥。如出现叶色变浅，要适当补充氮肥。幼果开始膨大至成熟时，需多施磷钾肥。除根施外，可以喷施尿素、磷酸二氢钾等叶面肥。

修剪

生长期要进行摘心，以控制株型。休眠期修剪，留下3～4根主枝，修剪到方便管理的高度，要将徒长枝、密生枝、枯死枝、病虫枝剪除。上一年抽出的枝条顶端会萌出混合芽，混合芽能长出花和叶。在寒冷地区，入冬时先做少量修剪，早春时再予重整。

繁殖

以扦插法为主，取1～2年生粗壮枝条，短截后插入介质，保持湿润和通风。为了提高成活率，可先对插穗底端消毒，并用生根液处理，待晾干后斜插入土。

病虫害

前期防虫，后期防病。病害多为干腐病、褐斑病、烟煤病，主要是由高温高湿引起。零星栽植的，病虫害较少，几乎不用防治。可适当喷洒波尔多液等杀菌剂预防。虫害主要是刺蛾、蚜虫、介壳虫。

选购

建议购买经过人工矮化的苗，成活率更高，也更方便修剪造型。

移栽或换盆

一般在休眠期快结束时的初春时节给石榴换盆。石榴根系较浅，毛细根发达，所以不能选择过深的花盆，花盆口径最好大一些，花盆底部排水孔最好不止一个，花盆的材质以陶土为宜。石榴侧根发达，需先轻轻地将根须上的土壤去掉一些，主根部位的土壤可保留，之后用剪刀将毛细根剪去一部分，注意不要伤到主根。上盆时，要放些农家肥作底肥。

Q&A 疑难解答

石榴的花芽长在哪里？

新梢基部附近萌出的是叶芽，新梢顶端饱满一些的是混合芽，叶芽较瘦弱。

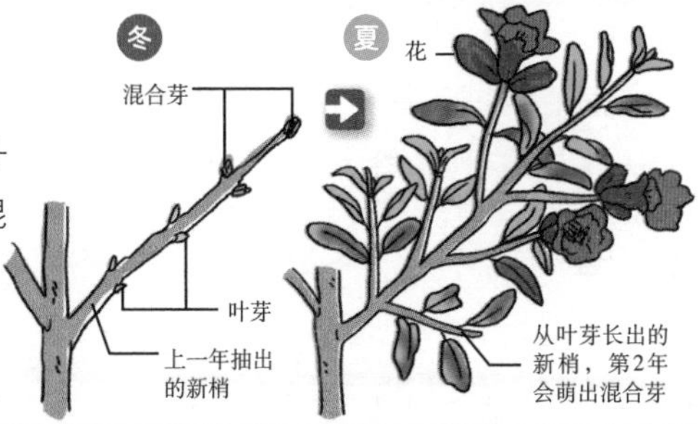

蜀葵

Alcea rosea

别　名　一丈红、端午锦、大蜀季、戎葵
类　型　一二年生直立草本
科　属　锦葵科蜀葵属
原产地　中国四川
花　期　2～8月
果　期　8～9月

温度及光照

喜阳光充足，也能耐半阴。盆栽蜀葵夏季要遮阴，防止暴晒。

生长适温20～30℃，开花适温25℃左右。耐寒，在华北地区可以安全越冬。

水分

忌水涝，较耐旱。浇水最好在上午，而且不要太勤快。幼苗期少浇水可控制高度。花期要多浇水，保持盆土湿润。

土壤

对土壤要求不严格，酸性土或碱性土都能接受，耐盐碱的能力较强。

盆栽蜀葵对盆土要求不高，以肥沃疏松、排水良好的土壤为宜。可用菜园土、腐叶土、河沙或煤渣等混合而成。

肥料

喜肥，耐贫瘠，对土壤肥力要求不严，地栽蜀葵可完全不施肥。盆栽蜀葵也不宜大肥。上盆时，要放些底肥。在整个生长期内，施肥1～2次即可。一定要控制氮肥的用量，多用磷钾肥。

修剪

盆栽蜀葵平时一般只作轻微修剪。要注意打顶，使侧枝增多。侧

枝长势快时，也应进行打顶。花谢之后，要对植株短截。冬季地上部分枯死，但是地下部分可安全越冬。

繁殖

通常采用种子繁殖。在长江以南地区，9月前后种子成熟了即可播种，7～10天便可出苗，第二年开花。北方一般是在惊蛰前后播种，当年也能开花。若播种太迟或者处于阴暗潮湿处，有可能当年开不了花。通常以秋季播种为好，这样可以早开花，花期也会更长。

Q&A 疑难解答

重瓣蜀葵怎么繁殖？

重瓣蜀葵以及一些稀有品种大多不结实或者种子的发育不良，所以最好还是采取扦插繁殖。此外，播种繁殖的种苗，性状不太稳定，容易发生变异。

分株法成株快，开花早，在园林中应用较多，多在秋末及早春萌芽前进行。

病虫害

常发生白斑病和褐斑病，发现病叶，应及时摘除。发病初期可喷粉锈宁、百菌清、甲基硫菌灵等药剂，要连续使用几次。

虫害方面，红蜘蛛比较常见，可用药剂喷杀。

地栽蜀葵要保持合适株行距。同时要注意茎叶的密度，保持通风透光状态。

选购

蜀葵种子的价格不高，花市或网上均可购买，但是在购买的时候一要严格选种，以健康饱满、完整无损的为宜，最好是当年收获的新种。

移栽或换盆

不耐移栽。若冬天移植的，放在有暖气的房间或者温度适宜的南阳台，它可以缓慢生长，叶子并不枯萎。

凌霄花

Campsis grandiflora

别　名　上树龙、紫葳、藤萝花、吊墙花

类　型　落叶藤本

科　属　紫葳科凌霄属

原产地　中国长江流域以及华北等地

花　期　5～8月

果　期　8～10月

温度及光照

喜光照和温暖，稍耐阴。生长适温15～30℃，盆栽凌霄花要适当防暴晒。荫蔽处不宜栽种，光照不良难以开出好花。耐低温，可露天越冬。

水分

喜湿润，较耐干旱和水湿，但也不能积水。应根据植株、盆体的大小及土壤的含水量决定浇水量。夏季多浇，冬季少浇。花期要保持土壤湿润，不能偏干。

土壤

有一定的耐盐碱能力，对土质要求不高。但以肥沃、疏松的微酸性土壤为宜。

肥料

凌霄花长势强，一年多次开花，花期也较长，所以必须经常施肥。平时20天施肥1次，以氮肥为主。5月之后，减少氮肥，多施磷钾肥以促花，也可以给叶片喷施磷酸二氢钾水溶液。落叶之后，重施一次肥料，以畜禽粪为主，这样既利于越冬，又能保证来年花繁叶茂。

繁殖

常采用分株繁殖，凌霄花根系发达，四处蔓延，植株周边会有小苗不断窜出。早春时可随时带土分离移植，一般不受时间限制。此花排他性很强，不易根除。

修剪

在冬季及早春发芽前，将枯死枝、病弱枝、内向枝、拥挤枝剪除，以利通风透光。冬季可作初步修剪，开春时再定型。

为了控制顶端优势，在生长旺盛期要进行打顶，以促生侧芽，多开花。母株根系上会萌发很多子株，如不作移栽，也应及时剪去，避免养分消耗。

病虫害

虫害：高温高湿期间，易生蚜虫。毛毛虫会蚕食叶片，数量少时可人工捕捉，必要时才使用药剂。

病害：主要为白粉病和叶斑病。

若凌霄的周围还有其他花木，要防止它们的生长空间和根系受到凌霄的挤压。

选购

凌霄花园艺品种极多，根据种植情况及个人喜好挑选。有单

Q&A 疑难解答

墙壁太光滑，凌霄花无法上墙怎么办？

墙壁太光滑，凌霄花则难以攀附或者攀附较慢，可以使用胶带临时将茎固定在合适的位置。

瓣、重瓣，花色有白、粉红、橘黄、玫瑰紫及茄紫等。有的植株低矮枝平展，宜盆栽；有的枝粗壮，枝丛不开展；还有少数观叶品种。美国凌霄极为耐寒，更适合北方。中国凌霄花朵大，所以也叫大花凌霄，其耐寒性比美国凌霄稍弱。粉色凌霄不耐寒，北方地区不宜栽植。

移栽或换盆

建议春、秋季移栽。注意在选择花盆时候一定要选择透气性好的。将凌霄花脱离原盆后修剪一下根系，及时对伤口进行消毒处理。植株移栽后，适量浇水保持湿润，不可过于潮湿。

昙花

Epiphyllum oxypetalum

别　名 琼花、昙华、鬼仔花、韦陀花、月下美人

类　型 附生肉质灌木

科　属 仙人掌科昙花属

原产地 美洲墨西哥至巴西

花　期 6 ~ 10月

果　期 不结实

温度及光照

喜阳光、温暖。生长适温15 ~ 25℃。畏寒，5℃时，要移到室内。

夏季要遮阴，只能接受散射光，不可暴晒，否则植株会出现萎黄。

水分

耐旱，怕涝。浇水不要太勤，干透浇透。在气温较低时，少浇水。花蕾形成时，要保持盆土湿润，不然会落蕾。夏季早晚要适当喷水，增加空气湿度。冬季休眠时，要严格控水，盆土要保持偏干状态。

Q&A 疑难解答

茎上长出气生根，怎么办？

如若茎上出现气生根，那就说明盆土不服了，要么过湿，要么太干。气生根不要去除，它具有呼吸作用。

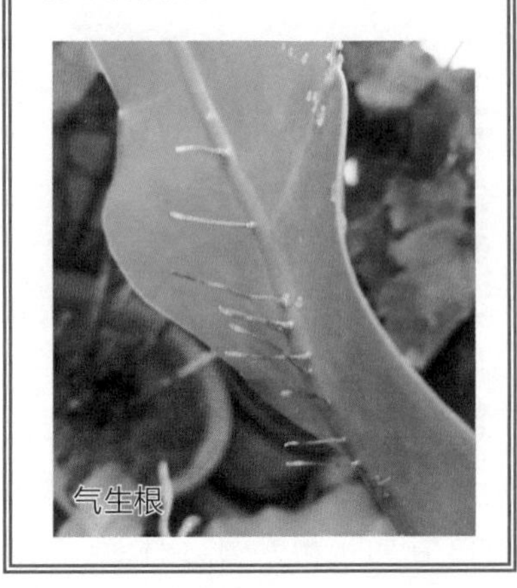

土壤

适合肥沃、疏松的中性或微碱性沙质土壤，酸性土不宜。盆土以田园土、河沙为主，可再掺一些腐殖土、营养土、泥炭土等，但沙子不可缺少。

肥料

两次浇水之间，施薄肥1次。春季半月1次，以氮肥为主。6月以后，施磷钾肥。高温和低温阶段停止施肥。现蕾时，一般不再施肥。此时可少量喷施硼肥，以防落花。

昙花冬季休眠，夏季继续生长。它可多次开花，夏秋季节不要停肥。花谢后，若茎的状态不佳，应给予氮肥含量高的多元复合肥。

修剪

只可轻度修剪，去掉部分病弱枝等无用枝。老枝不能剪，否则短时间内很难见到花。为控制高度，可酌情掐头。根据造型需要，可在合适的地方刺伤生长点，进行诱芽，也就是让新枝长在自己想要的地方。若株型较大，要辅以支架，以防倒伏。花蕾形成时，不妨及时去掉部分变态茎上的新叶芽，以便养分向花蕾集中。冬季生出的芽应去除。

繁殖

常采用叶状枝扦插，生长季节均可进行，以5～6月最好。插穗应选取厚实、健壮的茎，段长10～15厘米。底部可割出几裂，增加发根概率。先经过消毒液和生根液处理，待晾干后扦插于植料中，以干净的河沙为宜。入土深度约2厘米，要少浇水，以喷水为宜，半湿偏干状态即可。在18～25℃的条件下，1月左右可生根，根长3～4厘米时上盆。扦插苗一般要2～3年才能开花。若以主茎扦插，第二年就能开花。

病虫害

病害有炭疽病、根腐病，这多为浇水过量、通风不良或植料未消毒所致。虫害有蚜虫、介壳虫、红蜘蛛，人工驱除即可。

选购

昙花的品种很多，如大叶昙花、细叶昙花、鱼骨昙花等，根据自己的喜好和栽植条件挑选。

移栽或换盆

花盆不能大，栽植不可深。成株2～3年换一次盆，一般在春季温度12℃以上时进行。

更多有关养花的知识！

昙花一现，刹那间的美丽

昙花是世界名花无疑。花期在6～10月间，在淮河以南开花较早，淮河以北稍晚，一般都是在晚上7点以后才开放，在墨西哥等地多在子夜时分绽放，所以人们称它为“12点钟花”。

昙花并不是每年只开1次，栽植年限较长、分枝较多、生长环境优越的，1年可多次见花，4～5次是有的，但同一根枝条每年只能开花1～2次。每次开花的数量不等，少的只有1朵。

物竞天择，适者生存。出于一种原始的本能保护，它会选择在温度较低、湿度较大的夜晚开花，而避开白天的高温烈日。

昙花绽放时异常美妙，花瓣洁白无瑕，清香飘荡，犹如仙女亮相，所以昙花也有“月下美人”之称。“昙花一现，只为韦陀”，因此它也叫韦陀花。

昙花的雌蕊只有1个，长于雄蕊，长相奇特。雌蕊的柱头有很多分叉，很像1朵白色的小花，很好看。外层花瓣细长如柳叶，内层花瓣圆润似荷花，数量较多，这是昙花的另一奇妙之处。3年以上的昙花才能开花，花是长在老叶、大叶上的，新叶、小叶上不会有花。满足开花的主要条件是充足的光照以及合理的水肥管理。

从花蕾形成到花朵绽放，一般要3周时间，最快不足2周，这主要取决于所处环境的温度和湿度。开放前3～4天，花梗和花蕾会由直立状态慢慢翘起呈U形或V形，这时就得天天注意观察了。一旦花蕾稍微出现白色时，那便是即将开放的信号了。从花蕾的顶端开始“张嘴”，一直到完全绽放，时长可达7小时左右。这期间每隔10分钟，你就可以发觉花形在明显地发生变化。最先看到的是雌蕊，接着是雄蕊。在1分钟之内，肉眼是看不出变化的，因为它并不是突然间一下子开放的。

花谢时，花瓣也是逐渐地、缓慢地收拢，3～4小时之后才会完全闭合。花谢之后，花梗变软，U形或V形又变为直立状态，然后缓慢萎缩。

观赏昙花一定要把握好时间，一旦发现室外养护的盆花快开了就要搬到室内耐心等待。曾经有人在花瓣闭合之后，以为是花还未开，结果白白地苦等了几个小时。好在昙花的花蕾不只1个，错过此时，尚有彼时。

昙花的持花时间并不是所有植物中最短的，为什么单单只说昙花一现呢？昙花开放的时间短这话不假，但它不会只有一两个小时甚至只有10分钟的时间。虽说是“昙花一现”，但也绝不是稍纵即逝，它会给你足够的时间让你一饱眼福。我多次仔细观察过昙花的开放全过程，从开始绽放到花瓣完全闭合足有10个小时，其中开放、持花时间约7小时，花谢闭合时长约3小时。当时的室内温度28℃，湿度75%。将“昙花一现”仅仅理解为时间太短那是很肤浅的，昙花难见倒是真的。没养过昙花的人自不必说，就是栽种过的也未必领教过它的开花全过程。它一般是夜晚开花，很多人都睡觉了，所以很难被看到。“昙”在梵语里是“佛法”的意思，在佛经里昙花常用来比喻“如来的难遇和佛道的难得”。

昙花是清香型的，但显然要比一般的清香型花卉气味浓，相距1米远便可闻及。刚开时闻不到香味，等花瓣展开香气便随之溢出。

“玉骨冰肌入夜香，羞同俗卉逐荣光。”若能目睹昙花开放的全过程，那绝对是一种难得的体验。此花似应天上有，为看昙花夜无眠。

长寿花

Kalanchoe blossfeldiana

别　名 圣诞伽蓝菜、寿星花、家乐花、伽蓝花
类　型 多年生肉质草本
科　属 景天科伽蓝菜属
原产地 非洲马达加斯加
花　期 1～4月
果　期 不结实

温度及光照

喜阳，耐半阴。夏季要防止阳光直射，其他季节都要放在光线明亮处。每半月改变一次花盆的朝向，使受光均衡，避免冠幅歪斜。花蕾期不宜随意频繁移动花盆。

生长适温15～28℃，高于30℃或低于5℃，就会休眠。开花适温15℃左右，低于10℃难以见花。不耐寒，气温5℃时盆栽应移进室内。0℃时，容易被冻死。

水分

耐旱，怕涝，高温高湿对其生长不利，易烂根。夏季浇水也不可勤快。干透浇透，但不可一次性漫灌。若枝叶坚挺，就不用浇水。室外放置要防雨淋。10月前后为花芽分化期，要适当控水，否则较难形成花蕾。现蕾至开花前，不要多浇水，注意给盆土表面喷水即可。冬季有暖气的房里，空气过于干燥，有些花蕾难以开放，所以要增加湿度。花期应保持盆土微微湿润。

土壤

以疏松肥沃、排水良好的微酸性（pH=6.5）沙质土壤为宜，可用腐叶土、营养土、园土、河沙、骨粉等混合配制，其中河沙和骨粉是必不可少的。

肥料

春季和初夏生长期，每15天施1次高氮高钾肥或饼肥、人粪尿等，以促进枝叶生长。夏季气温在30℃以上时不施肥。秋季从9月开始施2～3次多元复合肥，每15天1次，可用农家肥或磷酸二氢钾交替使用，利于孕蕾。冬季气温在10℃时停肥，但在室内养护的要视情而定。

从花蕾形成到开放这段时间，要继续少量补充磷钾肥。刚现蕾时，最好在盆土里埋一些畜禽粪。

TIPS

长寿花花期长，这一阶段要适当补肥，而不是通常的花期停肥。

修剪

植株长到5～6厘米时摘心，以促进侧枝的萌发。枝条长到12厘米时要打顶，剪掉1厘米。老叶和黄叶要剪去。上半年可以重剪，叶片少些无妨，保留3～4个主枝比较合适，侧枝应多一点。9月底不再剪枝。花谢后，要全面整理，枝条要剪短。

繁殖

以扦插最为简便，春、秋季将枝条剪成小段，保留2个节，顶部留1～2片叶，插入基质。基质可以用河沙、珍珠岩、蛭石等，也可采用水插。当新根长到2～3厘米长时可移栽。扦插成活的小苗，要先使用氮肥促进其长大。

病虫害

虫害不常发生，在温暖潮湿、通风不畅的环境中易发生叶斑病、白粉病，可使用杀菌剂防治。

选购

要看花梗、花剑和枝条是否粗壮，有腐烂的不能选。最好选择部分花苞开放的，这样能确保开后的花型是自己想要的。

移栽或换盆

宜在春、秋季换盆，要避开花期。上盆时要放些底肥。从市场买来的长寿花带有花苞和泥土，一般土壤里已经有肥料了，我们换盆之后不需要立即给肥。根据花蕾的开放情况后期可略补薄肥，待花谢之后再正常施肥。

西洋杜鹃

Rhododendron hybridum

别　名　比利时杜鹃
类　型　常绿灌木
科　属　杜鹃花科杜鹃属
原产地　荷兰、比利时
花　期　四季有花，但多集中在冬春两季
果　期　不结实

温度及光照

喜温暖、半阴、通风良好的环境。若通风不良，易落叶。开花时，白天放在室内的时间不能过长，至少晚上要移到室外。生长适温12～28℃。不耐寒，气温2℃时，必须进屋。

夏季要遮阴，春、秋季若光线很强，也应避开直射，冬季进屋后，若室内有暖气，要在中午适当开窗通风。花盆最好能放在光线明亮处，且要有一定的高度，便于通风，不宜放在地上或角落里。

水分

西洋杜鹃对空气湿度要求很高，宜为80%左右。所以盆土要保持湿润，经常喷水。但开花时不可给植株喷水，以免花朵积水腐烂。喷水只喷盆体及周边。花期湿度低一些无妨。花蕾开始显色时，盆土一定要保持湿润。浇水时，要在花盆周围均匀缓慢注入，不宜急水漫灌，最好使用喷壶浇水。冬季置于室内，一定要少浇水，但必须满足一定的空气湿度。

土壤

以疏松、肥沃和排水良好的酸性（PH=6）沙质壤土为宜，可用腐叶土、营养土和粗沙等混合。不宜经常松土，否则极易损伤盆土上层根系。

肥料

除了休眠期，每月都要施肥。入冬前，要施1次肥。开花前一个月，施1～2次磷肥。开花后应施几次复合肥。氮肥要少施，忌用人粪尿。底肥可选用豆渣、骨粉、禽粪、炒熟的芝麻等。花蕾膨大至开花期要停肥，否则会落蕾。花谢之后，要在盆土里放入缓释型复合肥，农家肥照常补充。

修剪

几乎不需要修剪，在春季和秋季轻微整形即可。花谢之后，残花要用剪刀及时去除，手掐不易操作，容易碰断枝条。

繁殖

常采用扦插繁殖，主要是在春末夏初、花谢之后进行。插穗为5厘米左右，无须太长，上部保留3～5片叶。插入腐叶土或河沙基质中，插入深度为插条的一半，插后压实，保持湿润，2个月后开始生根。用生根液处理插条基部可提高存活率。

病虫害

病虫害不多，半月喷洒一次杀菌剂，多雨时节提前喷洒预防。花期结束后，要对枝叶喷施杀菌剂。若发现病枝叶，要及时剪除。为防止夏季积水烂根，应在盆土里浇灌一次噁霉灵，既可消毒，又可生根壮苗。

选购

最好在春季购买，过年开花上市后会剩下很多，这时植株的花几乎都开败了，也顺利度过了冬天，买这种苗最好，易存活。

移栽或换盆

若花蕾长时间打不开，应予换盆改土。不能使用深盆或大盆，因其根系主要分布在盆土的上部和中部。这种花用素烧盆来养最为妥当，瓷盆等排水不好的盆一定不要用。不用年年换盆，要尽量避免损伤根须和枝条。要是盆土合适，3～4年不换盆或翻盆都行。换盆时间应在花谢后或秋季，盆土里最好喷洒些杀菌剂。

此花娇嫩，买回后不可轻易换盆，一定要等半个月后再换。

茶梅

Camellia sasanqua

别　名　比利时杜鹃赤浆、海红
类　型　常绿小乔木或灌木
科　属　山茶科山茶属
原产地　中国、日本
花　期　11月至翌年3月
果　期　4～5月

温度及光照

喜温暖湿润，畏强光烈日，喜半阴环境。生长适温18～25℃，盆栽茶梅能耐短时间的−5℃低温，地栽茶梅更耐寒。若连续数日低温，还是要进行适当防护，可用海绵包裹盆体，或者在盆土表面加覆盖物，避免盆土结冰。为防花朵受冻，可将盆花暂时移到室内。

夏季高温时，为避免叶片灼伤，应适当避光。除了夏季之外，应将盆花放于光照充足处。

水分

保持盆土湿润，但不可积水。夏季早晚都要浇水，冬季可能几天才浇水1次，浇则浇透。除冬季外，要经常给植株喷水，增加湿度。浇水时，加点硫酸亚铁，每月1次。

花盆的位置和方向，不宜随意变换，尤其是在花蕾即将绽放时。

土壤

适合生长在排水良好的微酸性沙质土壤中，以红壤土为最好。盆栽土壤以腐叶土或泥炭土为主，再加进河沙、锯末、田园土等。山林里的表层土很好，但较为难得。若盆土的保水性不好，就得勤补水。

肥料

春季花谢后，要施几次氮肥，以促进枝叶生长，然后再施复合肥。开花前要施磷钾肥。9月下旬后，不再施肥，以防僵蕾。花期，若花苞较多，开放时间不一，应适当补肥。

修剪

茶梅的花芽分化期在6月前后。花蕾很多，不要全部保留，否则养分不足花朵就会开得很小。要尽早将那些生长位置不好或质量不高的花蕾摘除，每个枝条只保留1～2个即可。若树形很小，花蕾不多，就没有必要进行疏蕾了。

修枝在花后进行。由于生长缓慢，一般很少修剪，即使进行修剪，也只能是轻微的。

繁殖

常采用扦插繁殖。长江流域及其以南地区，大多在6月中旬至8月上旬的高温季节进行，最好选在这个时期的雨后进行。插穗要选当年春季萌发的半木质化的健壮枝条，每段插穗长5～7厘米，除掉基部叶片，保留2～3枚顶端叶片。用生根液浸泡插穗基部（2厘米内），最好是随剪、随浸、随插。扦插时，把土壤压平用竹签打孔插入，用手指压实，使插穗和土壤密贴。插入土壤深度，一般为3～4厘米，以表土接近上端叶片附近为好，扦插后的距离以叶片不重叠为宜。扦插基质可用河沙5份、山泥土2份、腐叶土1份、菜园土2份，充分混合后严格进行消毒处理。之后只需对插穗进行喷水，保持基质湿润即可，一般30天以上就能长出新根。

病虫害

抗性较强，病虫害较少，常见煤烟病、炭疽病、介壳虫、红蜘蛛。发现病叶，要及时剪除。如介壳虫数量不多，不必使用药剂，可用酒精、食醋、风油精、洗衣粉等予以刷除。

选购

挑选株型紧凑，矮小，无病虫害的健壮苗木。

移栽或换盆

茶梅可在春、秋季换盆。茶梅的根系发达，换盆时切不可弄伤根系，而且宿土也不要除得太多，这样有利于其上盆后缓苗。

绣 球

Hydrangea macrophylla

别　名　八仙花、粉团花、草绣球、紫绣球、紫阳花
类　型　落叶灌木
科　属　虎耳草科绣球属
原产地　中国、日本
花　期　6～8月
果　期　8～9月

温度及光照

生长适温16～28℃，开花适温20℃左右，耐寒，可耐-5℃的低温。盆栽大苗和地栽苗抗寒能力强，在江淮之间可室外越冬。露天放置的盆栽小苗，寒冷时稍加防护即可。

短日照植物，畏强光。盆栽绣球生长期应多晒太阳，开花时挪至阴凉处。花箱或花池里栽种的绣球不便移动，最好种在墙角或树荫处。

水分

喜阴湿，要宁湿勿干。若盆土排水良好，多浇水没有问题。盆土要经常保持湿润，花期一定不可失水。开花之后，气温高时除浇水外，还要给盆体周围喷水。花瓣和叶片不要喷水。冬季休眠时，仍需保持盆土的湿润，不可干透浇透。

土壤

对土壤要求不高，以疏松、肥沃、排水良好的沙壤土为宜。

肥料

喜肥，生长前期以氮肥为主，可使用腐熟的饼肥或人粪尿，最好在盆土里埋些颗粒型缓释肥。花蕾形成期多施磷钾肥，可喷施磷酸二氢钾。花蕾显色时，暂停施肥。

修剪

修剪较简单，花后要对花枝短截，至少剪下两对叶片，上部叶片也可适当去掉一些。为控制高度，幼苗长至15厘米时要摘心。分枝较多时也要摘心。摘心不可过迟，否则当年形成不了花芽。

繁殖

主要采用扦插的方式，一般在开花之后至深秋进行，水插或泥插均可。顶端的嫩头以及谢花后的下面那段枝条是最容易成活的。插穗不要长，有一对芽点即可。具体扦插方法，可参照菊花。扦插基质可以用泥炭土加珍珠岩，也可以用河沙加田园土。水培的扦插苗，生根后最好先进行假植，然后再定植到合适的盆土中。扦插较晚的小苗，冬天放于室内，可继续缓慢生长，并不落叶。最好开春再进行移栽。

病虫害

绣球主要有萎蔫病、白粉病和叶斑病，可喷施杀菌剂防治。

选购

盆栽绣球可在4～5月购买，地栽绣球在早春购买，可直接购买裸根苗，根系健康的3个月就能长出很多侧枝。尽量不要选择用园土栽种的，最好选择用营养土栽种的。

移栽或换盆

绣球根系发达，生长速度很快，即使是扦插苗也不例外，所以两年就得换盆。换盆之后，要置于阴凉通风处1周，保持湿润状态，浇水不要多，喷水为宜。

Q&A 疑难解答

绣球如何调色？

某些绣球的花色是可以调整的，酸性土、钾肥多、铝铁元素丰富，花呈蓝色。土壤为碱性，氮肥多，花呈浅红。想要由红变蓝，可浇些明矾水，应在刚刚显色时就处理。蛋壳、草木灰、硫酸铝、碳酸钙、硫酸亚铁等，都可以用来改变花色，使用1次即可。调色效果不是很稳定，建议自然生长就好。

三角梅

Bougainvillea spp.

别　名　紫亚兰、小叶九重葛、叶子花、宝巾花、南美紫茉莉

类　型　常绿攀缘状灌木

科　属　紫茉莉科叶子花属

原产地　巴西

花　期　6～8月

果　期　10月

温度及光照

强阳性花卉，夏季不需遮阴。光照不足，着花稀疏，易落花。不耐寒，长江流域及以北地区均为盆栽养护，冬季要入室。生长适温15～30℃，10℃左右时停止生长，保持在13℃左右时才能不落叶，5℃时可安全越冬。若是老苗，枝干比较粗壮，冰点以上可安全越冬。花蕾没枝叶耐冻，10℃时即可萎缩。气温骤降时，落叶明显。可耐受35℃高温，若温度过高，应适当遮阴。

水分

较耐旱，不需要勤浇水，但对空气湿度是有要求的。水量过多，不仅开花少，且易过早落花。空气湿度以60%为宜。

> 三角梅的花梗比较脆弱，不耐折腾，经常挪动或者受到风雨袭击就会掉花。盆栽三角梅要注意防雨，小雨是没有问题的。
>
> TIPS

开花期间要尽量少浇水，但必须有一定的湿度，可以改为给枝叶、土表以及盆周喷水，要避开花朵。生长阶段要适当多浇水。开花前需进行约25天的控水，就是要等土壤干了之后，叶子呈现轻微的萎蔫状态才浇水，水量是平时的一半即可。在控水期间不要施肥。可使用矮壮素以延缓枝条伸长，也有利于开花。

控水是保证三角梅开花、多开花的一个重要步骤。

土壤

对土壤要求不严，偏酸性或中性土壤皆可。如土质较黏，可加点蛭石或泥炭土，但不能全部使用泥炭土。盆土以腐叶土为主，再混入椰糠、河沙、畜禽粪为宜。

肥料

三角梅花期长，养分消耗大，不能缺肥。以多元复合肥为主，氮肥要少用。每7 ~ 10天施一次饼肥，内加0.1％的磷酸二氢钾。开花前多施磷钾肥。春季换盆时，要多放些底肥。当出现花蕾时，要施磷钾肥。开花时可略施薄肥。若基肥充足，可少施一些。最好能结合使用一些专用的三角梅肥料，网上很容易买到。

修剪

小苗轻剪，大苗重剪。每年要修剪2 ~ 3次。冬天入室时，可进行轻微修剪。春季发芽后，要细心修剪整形一次。枯死枝、病弱枝等无用枝都不要保留。此外，要根据苗情适当摘心，防止徒长。新枝长到10厘米长时，就要摘心，再发新枝时再次截短。

那种叶片较小、叶间距也比较小的长枝条，看上去像徒长枝，但这种枝条上的花芽比较多，不能轻易剪除。

繁殖

以扦插为主，成活率很高。夏季，取下健壮枝条，分成几段。每段长8厘米左右，只保留上端2 ~ 3片叶。可以插在沙土、培养土或蛭石与泥炭土的混合物中。下端可用生根粉浸泡一下，晾干备用。为防止蒸发过快而失水，

扦插的粗枝发根迟，但成形快；一年生枝条易发根，成活率更高，但成形较慢。

可用薄膜覆盖。也可直接放于阴凉处，注意不要缺水。

水插效果也不错，可参照菊花。水插时，当新根长到4厘米长时才可进行移栽，入土时动作要轻，用细土覆盖，不必挤压，严防断根。

病虫害

叶斑病：叶片出现黄色斑点，颜色逐渐加深。发病初期可用50%多菌灵粉剂500倍液进行防治，每7～10天1次，连用2～3次。

褐斑病：在叶面上产生直径为0.1～0.5厘米的黄褐色至浅褐色斑块，发病初期，用70%代森锰锌可湿性粉剂400倍液，每10天喷1次，连续2～3次。病叶要及时摘除。

介壳虫：叶片上出现许多白色的小突起，可以用毛刷刷除或者用风油精、杀扑磷、敌百虫等喷杀。

选购

三角梅的价格悬殊较大，普通苗比较便宜。挑选无病虫害、花苞较多的植株。查看基部是否稳固，若比较松，根系很大可能已经受损。

移栽或换盆

只要盆体、土壤和肥料合适，3年不换盆也无妨碍。三角梅是浅根系植物，主根不长，须根旺盛，最好使用广口浅盆。塑料盆等透气性差的盆，特别是排水孔少的平底盆最好不用。

换盆时，盆土不宜太湿，否则不利于去土和修根。盆土要保留1/3～1/2，特别是根部中心的泥土。对于新手来说，最好在春季花叶萌动之前进行，根团泥土要适当多保留一些。换下来的老土，放一些在根部作为过渡，然后再放新调配的泥土。

根部的黄泥团不可长期保留，但去除也不宜一步到位。换盆时修掉部分粗根和细根。若根部情况良好，修剪又不多，可不用消毒液。换盆后在阴凉处摆放1周。浇水多少要看土壤的湿度，水里可加点生根剂和消毒粉。

更多有关养花的知识！

重瓣三角梅管理诀窍

重瓣三角梅的花朵层次感强，观赏价值高，但抗性不如单瓣三角梅，在管理上与单瓣三角梅稍有不同。

重瓣三角梅的生长速度比单瓣三角梅要慢些，单瓣三角梅枝条伸展速度很快，要摘心或重剪；重瓣三角梅生长较慢，可以不控水或少控水，也不需要重剪。重瓣三角梅开花期间不耐水，盆土不能太湿。也不要给枝叶喷水，还要注意不可淋雨。

龙船花

Ixora chinensis

别　名　英丹、仙丹花、百日红、水绣球
类　型　常绿灌木
科　属　茜草科龙船花属
原产地　东南亚及中国华南地区
花　期　3～12月
果　期　9月至翌年3月

温度及光照

喜温暖、光照充足的环境。生长适温23～32℃，气温低于20℃，其长势减弱，开花明显偏少。当温度低于10℃时，生长缓慢。5℃左右入室，要放在光线明亮处。低于0℃时，会发生冻害。冬季温度较低或浇水不当，会出现落叶，但少量落叶一般不会致死。

夏季要适当避开烈日。其他季节、建议全日照。若光照不足，会出现叶色变淡，开花减少。建议室外养护。

水分

龙船花喜湿怕干，在整个生长期要保持盆土湿润，尤其是在现蕾期和开花期。失水时，会产生落叶、花朵萎靡。

夏季温度高，一般早晚都要浇水，还应给枝叶以及盆周喷水。冬季，要少浇水，只要维持盆土稍微湿润即可，以叶面喷雾为主。花期要避免淋雨。雨季要防止积水。

土壤

喜欢排水良好、富含有机质的酸性（pH5～5.5）沙壤土。龙船花是酸性土壤的指示性植物之一，而北方的泥土偏碱，所以要注意使用硫酸亚铁，每半月用1次，以保持盆土呈酸性。盆土可用营养土或腐殖土、泥炭土与田园土、河沙等混合。

肥料

生长期每半月施肥1次，以农家肥和复合肥为主。高温和低温时段停止施肥。

修剪

生长速度较快，作为盆栽，要注意修剪，保持紧凑美观。开花后，要根据花盆的大小和植株的高度对枝条予以短截。当小苗长到15～20厘米时，要进行摘心，以促发侧枝，不使长得过高。病叶、残叶要去除，老叶也可以摘掉一部分。如分枝较少，应强剪主枝。

冬季进屋时，进行基本的修剪，去掉细弱枝、内向枝、过密枝，这样有利于越冬。春季出屋时，再作一次较重的修剪。

繁殖

一般多采用扦插法。选取健壮的枝条，剪成10～15厘米长的小段，最好经过生根剂处理。扦插以夏季为好，苗床适温25～35℃。扦插基质可单独使用蛭石或河沙，也可将蛭石和珍珠岩等混合使用。扦插苗根系长至2～4厘米时可移栽上盆。

病虫害

常见病害主要是叶斑病和炭疽病，病菌在病花或病叶残体上越冬，所以病叶、病花要及时剔除。通风不良，易发生蚜虫和介壳虫，对症处理。介壳虫可用75%扑虱灵可湿性粉剂1500～2000倍液喷施。

选购

挑选无病虫害的健壮植株，不同品种的龙船花花色不一样，黄色、橙色、白色、粉色等，根据自己喜好选择。

移栽或换盆

适合在初春换盆，脱盆后要修根，同样要保留根系上附着的土球，以保护根系。种完以后，把其放到一个通风好的地方，保持温暖，适当遮光，等一段时间后它就能够恢复生长了。

Q&A 疑难解答

龙船花有哪些常见品种？

大王龙船花生长快、旺盛，且花团大、花色艳丽、开花持久，已成为中国南方重要的园林植物，也是插花的主要材料之一。小叶龙船花叶和花都小，节密，自然分枝能力强，花多而持久，耐修剪，是矮花篱和盆栽观赏的理想植物。还有黄龙船花、洋红龙船花等，都可作盆栽观赏。

六月雪

Serissa japonica

别　名　满天星、白马骨、千年矮、碎叶冬青
类　型　常绿灌木
科　属　茜草科六月雪属
原产地　中国长江中下游及以南
花　期　5～7月
果　期　6～11月

温度及光照

喜温暖，畏烈日，喜散射光，不可过于荫蔽。对温度的要求不高。冬季可耐-3℃低温，在江淮之间，只要稍加防护，可以在室外越冬。要是不小心使其遭遇了冻害，开春时剪除地上的全部枯枝，其根部大多还可以萌生新芽。

水分

耐旱。春季要保持盆土湿润，但不要积水。夏季高温干燥时，除每天浇水外，早晚用水喷淋叶片及盆周地面。秋、冬季则只能少量浇水。酷暑期可短时间放于室内，但要注意通风。

土壤

喜肥沃、疏松、排水良好的微酸性土壤。

肥料

耐贫瘠，适当施些薄肥即可。生长前期施一两回氮肥，促进枝叶生长。开花前，施一次磷钾肥。不需要经常施肥。

修剪

生长速度较快，很耐修剪，所以它能比较容易地为养护者按照自己的需要予以整形。

为了控制高度，可以根据花盆大小适当进行摘心或掐头。细弱枝、内向枝、徒长枝等无用枝，可随时去除。主枝要注意保留，以便萌生较多的侧枝。

繁殖

扦插、分株或压条均可。扦插适宜在梅雨时段。分株除夏季外，其他季节都行，一般在早春或深秋进行。压条在生长阶段进行为好。

病虫害

除蚜虫外，其他病害很少发生。

选购

挑选健壮、无病虫害的植株。六月雪是盆景常用树木之一，具有枝密、干粗、根露的特点，而金边六月雪更是不可多得的精品。

移栽或换盆

换盆时间应选在春季3月前后进行，此时温度基本已经稳定，不易冻伤，换盆后能很快适应新环境，较快服盆。还需要把坏根、烂根剪掉，浸泡消毒后再把伤口晾干，接着再移栽到潮湿的土壤里，放到一个通风凉爽的地方养护一段时间。

Q&A 疑难解答

六月雪叶片发黄掉落怎么办？

主要有以下3个原因，要根据实际的情况采取措施进行补救。

土壤不适：六月雪不耐盐碱，如果用碱性土壤对它进行培育会导致生长出现问题。六月雪长速很快，如果没有及时换盆会导致它的根系纠缠凌乱，且土壤也会板结，使其黄叶。可加点硫酸亚铁试试。

浇水不当：浇水过多会导致盆中产生积水，从而使它的根系被沤烂，浇水不足也会导致黄叶。

光照不适：光照不足六月雪无法进行正常的光合作用，被强光长时间照射会导致它的叶片被灼伤，这两种情况都会引发它的叶片发黄。

玉树

Crassula arborescens

别　名　景天树、胖娃娃、玻璃翠、肉质万年青
类　型　常绿灌木
科　属　景天科青锁龙属
原产地　非洲南部
花　期　5～6月
果　期　不结实

温度及光照

喜温暖、干燥和阳光充足，畏强光，稍耐阴。生长适温18～30℃，春、秋季生长旺盛。不耐寒，气温5℃时，要进屋养护。低于0℃，易受冻害。夏季不可暴晒。为保持树形均匀周正，适当转动花盆，使光照均衡。

水分

耐旱，不喜水。干透浇透，这里讲的干透，是指盆土的上层和下层都比较干，但并不是完全没有水分。平时是很少浇水的，以喷水为好。叶片容易聚集灰尘，所以应当经常擦洗。

盆土过干，其茎节间会长出气生根。生长条件正常时，没有气生根。高温时节，浇水过多通风不好，叶片会脱落甚至被闷死。

土壤

以肥沃、排水良好的沙壤土为宜，可用腐叶土、营养土、园土、粗沙（或炉渣灰）以及骨粉、草木灰等混合配制。

玉树根系不发达，所以盆土一定要得当。盆土过于松软而植株又比较大，就容易倒伏，尤其是在浇水以后。

肥料

春、秋季要施肥，7～10天

施1次。夏季气温32℃以上或冬季10℃以下不施肥。禽畜粪、人粪尿、饼肥等均可，复合肥也需要。

修剪

不需要过多修剪，按照自己喜好的造型修剪就好。修剪徒长枝、内向枝，让枝叶疏密得当。修剪一般是在冬季休眠期进行，夏季可酌情打顶。一定要保留一个又矮又粗的主干，这样植株更加稳固。

繁殖

枝插成活率高，生长速度也快。剪下一段9厘米左右长度的枝条，待伤口风干后直接插进苗床。扦插前，不必经过消毒剂和生根剂的处理，因为它很容易发根。叶片扦插也可以，但生长比较慢。扦插苗，要少浇水，保持阴凉。

病虫害

玉树病虫害较少，有时会遇到炭疽病和叶斑病危害，可用百菌清、甲基硫菌灵等药液喷洒。

选购

玉树还有很多叶色丰富的变种，根据个人喜好挑选，注意品种特点及种植环境。

移栽或换盆

换盆宜在早春进行。将玉树脱盆后，要对根部进行修剪，消毒后再栽种。注意在盆底铺一些陶粒，利于排水，然后再放一些有机肥作底肥。将换盆后的植株放于阴凉通风处，服盆之后再移至光照处正常管理。

Q&A 疑难解答

玉树为何不开花？

养玉树的人家不少，但开花的并不常见。要使其开花，还得想点办法。玉树开花，有两个重要条件，一是要有足够的光照，一年四季皆然；二是肥料要跟上，要以磷钾肥为主。小苗不会开花，至少需3～4年树龄的植株。料理不当，10年也难见花影。

樱 桃

Cerasus pseudocerasus

别 名 朱樱、莺桃、荆桃
类 型 落叶小乔木
科 属 蔷薇科樱属
原产地 欧洲、亚洲及北美
花 期 3～4月
果 期 5～6月

温度及光照

阳性树种，不耐阴。生长适温20～25℃。夏季不需要遮阴，盆栽樱桃要适当避开连续的烈日。冬季一般都是露地越冬，−20℃是没有问题的，小苗耐寒性略差。

水分

不耐涝，要防止积水。盆栽樱桃夏季每天浇1次水就差不多了，春、秋季要根据盆土的持水情况合理补水。要有一定的空气湿度，高温时节要多喷水。

土壤

樱桃为浅根系果树，呼吸作用旺盛，耗氧量较大，所以对土壤的要求较高。土壤pH6.0～7.5，要保持通透，湿不结团，干不裂口。

盆栽用土，可用田园土、腐殖土、塘泥、河沙等混合。这些植料最好经过消毒，可以事先进行暴晒或加入土壤消毒剂处理。

肥料

基肥要足，可使用畜禽粪、厩肥、骨粉、蛋壳、饼肥等。樱桃生长速度很快，从开花到果实成熟大约只要50天，这段时间肥料一定要跟上。萌芽开花前，施肥以速效氮肥为主。开花后，以磷钾肥为主。果实采摘后的1个月内，要继续补给复合肥，以促进花芽分化，为下一年结果奠定基础。长势旺盛的植株，氮肥要少施一些。上冻前，施一次越冬肥。农家肥和化肥结合使用效果更好。3年以下的小树，要多施氮肥。

修剪

幼苗期要注意培养植株的“骨架”，力求树冠美观、层次清楚。生长期要注意摘心或剪去嫩梢，避免枝条徒长，长枝结果不如短枝多。收获期之后，可以进行疏枝。枝条较大的一次修剪，在早春萌芽前进行为宜，过早修剪伤口处容易出现流胶。阴雨天也不宜修剪。修剪工具要经过消毒，特别是在剪除病害枝叶时。

繁殖

扦插以1年生枝条在春季进行为宜，插穗长15～20厘米，入土稍微深一点，上部要有几个芽点。扦插前，插穗要经过消毒剂和生根剂的处理。扦插苗成活率不高而且要几年后才能结果，所以家庭零星栽植都是直接使用商品苗。

病虫害

病害有流胶病、叶斑病、根腐病等。虫害有介壳虫、天牛、刺蛾等。茎秆受到破皮或损伤时，会遭到病菌侵袭，易发生流胶病。初发时感病部位膨大，继而有半透明的胶质溢出。该病多出现在7～9月。处理时，先刮除胶质，再涂抹石硫合剂、甲基硫菌灵等杀菌剂。

选购

盆栽樱桃可以选取矮化品种，盆体要稍大些。

移栽或换盆

从秋季落叶至翌春萌芽前均可换盆。植株带土脱出后，修剪外围密集、卷曲、腐烂的根。一般换盆与修根2～3年进行一次，使盆土营养经常得到补充，才能保证樱桃生长良好，提高观赏价值。

玫瑰

Rosa rugosa

别　名　徘徊花
类　型　落叶灌木
科　属　蔷薇科蔷薇属
原产地　中国
花　期　5～6月
果　期　8～9月

温度及光照

玫瑰为温带树种，喜光。生长适温15～25℃。室外温度高于35℃时，生长就会受到压制。耐寒，一般品种可耐−15℃的低温。

水分

较耐旱，忌水涝。不干不浇，浇则浇透。夏季，盆栽玫瑰每天都要浇水，但地栽玫瑰通常不用每天浇水。对空气湿度要求不高。

土壤

对土壤的适应性较好，在微酸性或微碱性土壤里皆可生长。以富含腐殖质、排水良好的中性或微酸性壤土为宜。

肥料

需肥量比月季要少，因为其开花频率不如月季，所以适当施肥即可，农家肥和化肥都可以使用。

生长初期，多施氮肥；现蕾时，以磷钾肥为主；花期之后补充一些复合肥；进入寒冷季节，要施一次越冬肥。高温和低温阶段，不再施肥。

修剪

玫瑰一般在当年枝条上开花。修剪以疏枝为主，保证通风透气。要保持"株老枝不老"，5年以上的老枝，不予保留。

修剪多在休眠期进行，入冬后应将枝条全部剪除，离土层3～5厘米即可。

繁殖

繁殖以分株和扦插为主。

分株是从根部将植株分割开来，在春季或秋季进行，一般3～4年要进行一次。

扦插时间可以不限，硬枝、嫩枝扦插均可使用。

硬枝扦插：在秋季落叶后与春季萌芽前结合修剪进行。将当年抽生的节间短、腋芽饱满的亮紫红色枝条剪下，截成长10～20厘米长的小段扦插，入土深度为枝段的2/3，压实土，浇透水，保持土壤湿润。地温升高时即可成活，成活率在80%以上。

嫩枝扦插：宜在6～8月进行，剪取节间短、生长健壮、腋芽饱满、无病虫害的半木质化枝条，截成8～10厘米长的小段，上端平剪，下端斜剪，留上端2个复叶，每个复叶上保留2～4片小叶，插入用3%高锰酸钾溶液消过毒的细沙或蛭石中，插后喷透水，注意遮阳，保持叶片不失水。一个月后根系发育完全，便可移栽到水肥充足的土壤中生长。若加强管理，次年5月即可开花。

病虫害

病害主要是白粉病和褐斑病。虫害主要是介壳虫和红蜘蛛。可参看月季。

选购

要尽量选择节间短、没有病虫害的健壮植株。

移栽或换盆

建议选在春季初或秋季换盆，先要修剪多余的枝叶，待土壤干时脱盆。换盆时去掉三分之一老土，换盆后浇足水。

Q&A 疑难解答

玫瑰有什么功效？

鲜花可以提取芳香油，供食用及化妆品用；花瓣可以制饼馅、玫瑰酒、玫瑰糖浆，干制后可以泡茶；花蕾可入药；果实含丰富的维生素C、葡萄糖、果糖、蔗糖、枸橼酸、苹果酸及胡萝卜素等。

更多有关养花的知识！

月季、玫瑰、蔷薇如何区分？

月季、玫瑰、蔷薇，原产中国，都属于蔷薇科、蔷薇属植物。

这3种花卉，花形和花色很相近，很多人分辨不清，特别是月季和玫瑰。

看叶子。月季有小叶3～5片，枝条上部是3片叶，中下部是5片叶，7片叶较少，叶片光滑，稍具光泽。玫瑰小叶是5～9片，叶片粗糙，纹理或折皱很多。

看花朵。月季的花朵大，色彩丰富，香味清淡，花柄较长，1年可以多次开花。玫瑰的花朵较小，花色不多，花柄较短，一般每年只开花1次，但香味较浓，胜过月季和蔷薇。

看茎秆。月季和蔷薇的茎秆上有大而尖的刺，有的刺还带有钩。它们的刺是皮刺，也即刺是与表皮联系的，可以很容易地剥下来。玫瑰的刺则细而密，它们是茎的木质部的一部分，不易剥下来。

这3种花，观赏性最强的还是月季，它可用作切花，而玫瑰和蔷薇是不适合作为切花使用的。从花店里买到的玫瑰切花，实际上就是现代月季。

玫瑰的花朵不太好看，但香味较浓，如今的花市里已很难见到。玫瑰是人类应用较早的天然香料之一，从玫瑰的花中提炼出玫瑰精油，是一种高级香料，用途广泛，价格昂贵。

我们所说的月季、玫瑰、蔷薇，外国人是不加区分的，他们统称为玫瑰，英语里都是rose这一个词。为了不引起歧义，月季花的英译现今在rose前面又加了个单词Chinese（中国的）。英美人所说的“玫瑰”，基本上都是杂交品种，和我们的玫瑰并不是同一回事。他们的玫瑰，在我们看来其实就是新的月季园艺品种。

用玫瑰花制作饮品时，要摘取似开未开的花朵，经过淡盐水洗净后，在通风处晾干备用。可以先放在阳光下小晒，作初步去湿，但不宜暴晒，因为这会影响色泽和口感。玫瑰花茶先用温水浸泡，然后再加入开水。玫瑰花茶有美颜护肤、消除疲劳的作用。

玫瑰的名字要比月季取得好，音和义都很美。“玫”是指美玉，“瑰”这里是指珍贵或珍奇。玫瑰香甜可人，往往令人驻足欣赏，不忍离去，所以也叫“徘徊花”。

在西方，玫瑰是爱情的象征，是英国、保加利亚等国家的代表性花卉。英国人特别喜爱玫瑰花，因此“玫瑰”一词，也常出现在英语的谚语或俗语里。“赠人玫瑰，手有余香”(Roses given，fragrance in hand)；“没有不带刺的玫瑰”(No rose without a thorn)；“人生不都全是玫瑰（人生不能事事如意）”(Life is not all roses)。他们将极少数品性较为完美的女性称为“英伦玫瑰”。“玫瑰床”（Bed of roses）的意思，就是“安乐窝”。

玫瑰，既有外在的美也有内在的美。莎士比亚说：“玫瑰花很美，但更美的是它包含的香味。”

紫薇

Lagerstroemia indica

别　名 入惊儿树、百日红、满堂红、痒痒树、无皮树
类　型 落叶灌木或小乔木
科　属 千屈菜科紫薇属
原产地 中国
花　期 6～8月
果　期 9～12月

温度及光照

阳性树种，喜温暖、阳光。生长适温15～40℃。耐寒，可露地越冬，−15℃的严寒也能承受。美国红花紫薇可耐−23℃的低温。

水分

耐旱，忌涝。需水量不大，地栽紫薇一般不用浇水，盆栽紫薇浇水也不多。雨季要防止积水。

土壤

紫薇对土壤没有特别要求，可栽植在微酸性、中性或者弱碱性土壤里。但以疏松、肥沃、微酸性沙质土壤为宜。

肥料

因为花量大，所以要薄肥勤施，以复合肥为主。盆栽紫薇可20天1次，地栽紫薇很少施肥。栽种时要放底肥，骨粉、畜禽粪最好。春季，先施氮肥，再施复合肥。5月起，以磷钾肥为主。入冬时，施1次复合肥。

修剪

不需要重剪。落叶后，对徒长枝、重叠枝、交叉枝、病虫枝等无用枝予以剪除，避免消耗营养。将残花及时剪去，可延长植株的花期。

紫薇发枝能力强，新梢生长

较快，耐修剪。冬季即使将全部枝条“剃光头”，来年春天仍可抽枝开花，很容易更新。

繁殖

常采用分株繁殖，紫薇的根部常会生出一些萌蘖枝，早春时节，将其与母株分离，另行栽植。

病虫害

病虫害多因阴暗潮湿和通风不良所致。病害主要是白粉病，多发于4～5月，叶片先出现白点，再蔓延为白粉层，最后发黄脱落。应提前喷洒石硫合剂或甲基硫菌灵等药剂，在盆土表面放上1～2克噻呋酰胺也很有用。虫害方面，主要有蚜虫和介壳虫等。

选购

按照花朵的不同颜色，紫薇可分为紫薇、粉薇、红薇、银薇（白花）、翠微（蓝紫色）。花朵粉红色、红色最为常见。矮化紫薇是珍稀品种，花市里可以买到，价格并不高。这种花木由日本培育，15厘米高就能开花，盆栽极为理想。

移栽或换盆

较大的树苗移栽，要带土球。为避免水分蒸发，枝叶必须剪除一些。

由于紫薇生长快，根系发达，会造成盆内土壤板结，待花期过后就可以翻盆了。翻盆时要留下部分原土，然后将病根、弱根去除，打理好根系后，就可以将植株放入事先已经加好肥料的新土里了。

Q&A 疑难解答

紫薇如何延长观赏期？

紫薇是落叶树种，自然条件下10月上旬开始落叶。为了延长其观赏期，可采用摘叶法。具体做法是：8月初，给紫薇施一次稀薄肥液，同时，向叶面喷施0.3%磷酸二氢钾和0.1%的尿素。1周后开始摘叶，每5天摘一次，每次摘除叶子的1/4。9月中旬，将老叶全部摘除，再施一次稀液肥，并保持盆土湿润及充足的光照。摘叶后20天左右，即可长出新叶。新长出的叶片小，有光泽，质厚，叶缘红色，观赏效果极好。放入室内养护，新叶可持续观赏到12月上旬，而且不影响第二年开花。

丁香

Syringa oblata

别　名　百结、情客、龙梢子、紫丁白

类　型　落叶灌木或小乔木

科　属　木樨科丁香属

原产地　中国

花　期　4～5月

果　期　6～10月

温度及光照

喜阳光充足，也耐半阴。生长适温15～30℃，夏季不需遮阴。耐寒，地栽丁香一般可耐-20℃，有些品种能抵御-35℃的低温。盆栽丁香通常也都是在室外越冬。过度寒冷时可稍加防护，纵然有冻伤也不会造成植株整体死亡。

水分

间干间湿，干透浇透。耐旱畏涝，不需要频繁浇水。冬季休眠期，需水量更少。

土壤

耐瘠薄，对土壤要求不严，以排水良好、疏松透气的土壤（pH6～7）为宜。盆土配制简单，可用田园土和腐叶土或营养土混合即可。

肥料

不需要经常施肥，氮肥要少用，以免枝条徒长影响开花。冬季在盆土里埋入一些畜禽粪，花后补充1～2次速效复合肥，平时在盆土表层埋入一些缓释型复合肥即可。

修剪

春季发芽前，进行整形修剪。将过密枝、细弱枝、病虫枝剪除，对徒长枝剪去一半。花谢后将残花连同花穗下部两个芽剪掉，以减少养分消耗。

盆栽树苗长大后，为了控制高度和树形，应进行短截。盆内杂草，及时去除。

繁殖

家庭种植以分株繁殖为宜，一般当年就可以开花。种子繁殖的实生苗，4年左右才能见花。

分株繁殖一般在早春萌芽前或秋季落叶后进行。将植株根际的萌蘖苗带根掘出，另行栽植，或将整个植株掘出分丛栽植。秋季分株需先假植，翌春移栽。栽前对地上枝条进行适当修剪。

病虫害

丁香虫害极少，偶有白粉病或蚜虫、刺蛾。

选购

金园丁香是所有品种中唯一的金黄色。暴马丁香树形大、花期长、姿态美，耐旱、耐寒、耐贫瘠。盆栽丁香最好选用矮生品种，料理就更为简单，如小叶丁香、花叶丁香及什锦丁香。白色花丁香气味更浓，还有1年可2次开花的四季丁香。可根据个人喜好及种植条件选择。

移栽或换盆

适合春季换盆，要对根系和部分枝条修剪。选择合适的花盆，最好使用深盆，能使根系正常舒展生长。先在花盆底部做好滤水层，然后填土栽种。

丁香宜在早春芽萌动前移栽，栽植时，需带土坨，并适当剪去部分枝条。栽植时多选2 ~ 3年生苗。栽植穴直径70 ~ 80厘米，深50 ~ 60厘米。穴施1000克充分腐熟的有机肥，与土壤充分混合作基肥，基肥上面再盖一层土，然后放苗填土，栽后灌足水。

Q&A 疑难解答

暴马丁香为何被称为西海菩提？

暴马丁香因树姿、叶形上与南方的菩提树相似，被称为“西海菩提”，它被视为吉祥幸福的象征，代表着佛门的兴盛昌荣。由于菩提树只能生长在热带和亚热带地区，我国广大温带地区的寺院，尤其是高寒的西北甘肃、青海一带，多选用长势强的暴马丁香代替之。

朱槿

Hibiscus rosa-sinensis

别　名　扶桑、佛桑、赤槿、红木槿、大红花、状元红
类　型　常绿灌木
科　属　锦葵科木槿属
原产地　中国
花　期　全年
果　期　罕见

温度及光照

喜温暖，不耐阴，畏霜冻，整个生长期均需充足的光照。在长江流域及其以北地区，不可地栽。若光照不足，节间距变大，花少或很小，甚至还会黄叶、掉蕾。

生长适温15 ～ 25℃，气温低于5℃，叶片会变黄脱落，冰点以下会遭遇冻害。春季最低气温不低于10℃时，就应移到室外养护。夏季高温不必遮阴。

水分

不耐旱，要注意保持盆土的湿润。冬季若室内温度在20℃左右，也要注意补水。浇水之后，要适当通风。空气湿度要求60%左右。如平时屋内空气湿度低，还要给枝叶以及盆土表面喷水。冬季室内有暖气，最好使用加湿器。

土壤

对土壤要求不严，以疏松、肥沃的微酸性壤土为宜。盆土可用田园土、营养土、腐叶土等量混合。

肥料

朱槿花期长，用肥多。服盆期和盛花期不要施肥。小苗期多用氮肥，夏季多雨时宜采用颗粒肥，少用水溶肥，以避免因雨水冲刷造成养分流失。冬季入室后，一般不施肥。有的品种，冬季是不开花的。盛花期后要先补充多元性复合肥，再施磷钾肥，可半月1次，花蕾较大即将开放时可暂停一段时间。

修剪

朱槿花生长较快，耐修剪。要及时打顶，促进侧枝萌发。其花开在新枝上，分枝越多开花越勤。小苗时就要摘心塑形，留一个主干即可，高度以15～20厘米为宜。侧枝长到10厘米摘心，留3个芽点即可。花谢后，枝条可适当短截。遇到徒长枝、细弱枝、内膛枝等无用枝应及时剪掉。冬季进屋时作初步修剪，开春再处理。若植株太高、下部光秃，可在早春的晴天重剪。

繁殖

繁殖以扦插为主，木质化或半木质化的枝条皆可使用，先剪成10厘米的插条，只保留顶端的1片叶子，如叶片较大，可剪掉一半。需经过生根剂处理后入土，要深些。扦插基质可用河沙、蛭石、培养土等。扦插后浇透水，放于阴凉处，保持湿润状态即可。

病虫害

病害有叶斑病、炭疽病和烟煤病，虫害有蚜虫、介壳虫等。黄叶多因浇水不当所致。

TIPS

在4月以前扦插的，可不必遮阴。4月后扦插的，要套上塑料袋，注意保湿及遮阴。新移栽的扦插苗生长慢，需使用氮肥喷施叶面，每周1次。

选购

家庭盆栽要选取株型低矮的，高度控制在1.5米以下。市面上品种较多，常见为红色，现在也有双色品种，可根据喜好挑选。

移栽或换盆

换盆宜在春、秋季，气温要在10℃以上。上盆时要放底肥，以猪粪或羊粪最好，也可再加点缓释型颗粒肥。

锦带花

Weigela florida

别　名　锦带、五色海棠、文官花、海仙花
类　型　落叶灌木
科　属　忍冬科锦带花属
原产地　中国、朝鲜、日本、俄罗斯
花　期　4～6月
果　期　8～9月

温度及光照

阳性树种，喜温暖和光照，也能耐阴。春、秋、冬季要接受全日照，夏季高温时可酌情接受散射光。

生长适温15～32℃，35℃以上时盆栽锦带花可稍作遮阴。开花适温18～22℃。极耐低温，不用担心其冻死。

水分

喜湿润，怕水涝。生长季节要保持盆土湿润，空气湿度宜为65%～75%。高温季节要多浇水并注意喷水，冬季要少浇水，通常是在午后为宜。

土壤

对土壤要求不严，耐瘠薄，对环境的适应性较强。以腐殖质丰富的泥土为佳。盆土配制，以腐叶土为主，再掺入营养土、草木灰和适量的营养土。

肥料

在营养生长阶段，以复合肥为主，生殖生长时期以磷钾肥为主。由于花量大，所以要薄肥勤施，一般半月1次。化肥和农家肥交替使用，效果更好。

修剪

生长速度快，比较耐修剪。

日常修剪，根据具体情况，春季萌发前要做一次整体修剪。花后剪去残花、细弱枝、内膛枝，徒长枝。由于锦带花着生花序的新枝多在1～2年生枝上萌发，所以开春不宜对上一年生的枝条作较大的修剪，一般只疏去干枯枝、病虫枝、重叠枝。可隔年在花后结合整形，对3年以上的老枝作适当修剪，逐次更新，刺激萌发新枝，保持较强的树势，使来年抽出更多的花枝。

繁殖

春夏皆可扦插，老枝、新枝都行。分株在早春植株萌动前进行，当年就可以开花。压条宜在花后生长旺盛期进行，生根后即可移栽。

一般我们都是在春天给锦带花换盆的时候进行分株，直接把锦带花的整棵植株从土壤里面挖出来，分成多株。分株的时候不要伤到它的根茎，然后把分好的锦带花种在其他的盆里。在分栽之前要先把根部上面的土给抖掉，然后再把老根、死根全部剪掉，根据准备的花盆的大小，把较长的根剪掉后再上盆。

病虫害

病虫害很少，偶有刺蛾、蚜虫、红蜘蛛出现，人工捕捉即可。

选购

选购株型紧凑丰满的植株，要求分枝多，枝条粗壮，分布匀称，枝上无病虫斑。目前可以购买到很多好看的园艺品种，如花叶锦带花、紫叶锦带花等。

移栽或换盆

换盆可在春季结合分株时进行。具体操作参见繁殖。

移栽在落叶后至萌芽前进行，小苗留宿土，大苗或夏季移栽需带土球，并根据苗木情况，适当剪除部分枝叶，以提高成活率。

君子兰

Clivia miniata

别　名　大花君子兰、大叶石蒜、剑叶石蒜、达木兰
类　型　多年生常绿草本
科　属　石蒜科君子兰属
原产地　非洲南部
花　期　全年
果　期　9～11月

温度及光照

喜半阴，畏强光。除冬季之外，其他季节均不宜接受直射光。生长适温15～25℃，15℃时最利于抽箭，5℃时停止生长，低于2℃会发生冻害。怕热，怕冷，不耐寒。

水分

喜湿润，但浇水不能多，要宁干勿湿。当盆土有三分干时，应给盆土表面喷雾，但不要浇水。当盆土有五六分干时，再浇透水。每次浇水时，酌情添加液态薄肥。浇水之后要注意通风。

空气湿度宜为60%，长时间低于50%叶片会干尖。夏季要多给盆体、土表喷水。不能给叶面喷水，水分在叶丛中存留易腐烂。

Q&A 疑难解答

君子兰长歪了怎么纠正？

叶子是追随光线的，所以盆花放置时以南北向为宜，就是叶片垂直于太阳的运行方向。每隔10～15天，应将花盆位置颠倒一下，使两侧叶片受光均衡。如今，也有叶片矫正带在售，使用较为方便。

土壤

宜采用腐殖质丰富、透气良好的微酸性植料（pH5.5～6.5）。

最好购买专用的君子兰花土。

肥料

喜肥。生长前期多施些氮肥。长至12片叶时多施磷钾肥。花后施氮肥，平时在盆里放些复合肥。君子兰喜油料种子，可将炒熟的花生仁、芝麻籽等放在盆土外围。气温低于15℃或高于35℃时不施肥；30℃左右时，可施薄肥。

修剪

几乎不用修剪，花后将花茎剪除即可，一般从中段剪下，剪口用纸巾包裹以防汁液溢出流进叶心。

繁殖

常采用分株法，母株周围会分蘖出幼株，春季时，当幼株长至3～5片叶时即可分株，用利刃将幼株连同部分根系切下。切口要消毒，晾干后上盆，不要立即浇水。

病虫害

部分叶发黄枯死，可能是盆土过于潮湿，可先将腐烂的根去除，消毒后晾干再回栽。若新叶总是很窄，多为缺肥所致。若新叶出现黑斑，很可能是肥害。

选购

除了看叶片肥厚、宽窄、色泽外，还要看基座，越粗壮越好，若基座细长瘦弱，则短时间不开花。

移栽或换盆

换盆在气温为20℃时进行，应放些饼肥、骨粉等底肥。长根不需要截短，无用的根剔除即可。若是多年的老根，则要适当剪短。修剪后消毒、晾干，再上盆。上盆时先要将植料填充于根部中心位置，可确保植料与根系密切接触。上盆后要及时浇透水。

Q&A 疑难解答

君子兰夹箭怎么办？

夹箭即花梗很矮伸展不出来，因昼夜温差小或缺肥导致。可采取提高温差（5～10℃）、使用速效磷肥、增加浇水量等加以解决。冬天现蕾时，若白天室温20℃，晚上最好移到温度较低处，封闭阳台的窗户适当打开。用磷酸二氢钾、啤酒、水浇花，比例为1∶20∶1000，可10天1次。

蝴蝶兰

Phalaenopsis aphrodite

别　名　台湾蝴蝶兰、蝶兰
类　型　多年生常绿附生草本
科　属　兰科蝴蝶兰属
原产地　中国、泰国、菲律宾、马来西亚、印度尼西亚
花　期　4～6月
果　期　4～6月

温度及光照

喜温暖，生长适温白天25～30℃，夜晚19℃左右。花期最好控制在16℃，但不能低于13℃。气温32℃以上进入半休眠，高温季节要注意通风和降温。

喜散射光，若是放在南面窗台前，应拉起窗纱遮阴，尤其开花时节。

水分

浇水要间干间湿，干湿循环。基质水分不可过大，否则易烂根，略干的基质利于新根生长。春季和初夏生长旺盛期适当多浇水，花后少浇水。当水苔发白变干或根系由绿变为少许灰白时就应补水。空气湿度以70%为宜。要经常向叶片喷雾。

TIPS

花期喷水最好避开花朵。可使用加湿器增加湿度，也可在盆沿四周或支架上围湿毛巾。

土壤

蝴蝶兰是气生根，不适合用泥土栽培，通常使用水苔。

肥料

不需要太多的肥料，薄肥勤施。在生长旺盛期或小苗期，使用含氮量高的肥料，花芽形成期至花开时应给予磷钾含量高的肥料。

修剪

花后将残花和花葶从基部完全剪去。发现烂根、病根、空根要及时剪除，防止滋生病菌。

繁殖

家庭栽植很少自己繁殖。可使用花梗催芽的方法。花谢之后将上部花葶剪去，在花葶的中下部还有几个芽点，选择1～2个芽点，去除芽点处的苞片，然后在芽点上涂抹专用催芽剂。新苗长出后，再用水苔和塑料膜将基部包裹，生根后就可切下移栽了。移栽的小苗要放在阴凉通风处，温度维持在26℃左右。

病虫害

易发生叶斑病和根腐病，可喷施百菌清等药剂，半月1次，药液会在叶上留下灰白痕迹，不用清洗。

选购

购买时先要看花色、花形、分枝和花蕾数量。再看叶片是否肥厚坚韧，有斑点、皱缩、缺乏光泽的不选。叶片薄而软的，通常花期较短，还要看根系是否健壮。勿购买花完全绽放的，以花开七成为好。

移栽或换盆

一般在春、秋季换盆，换盆时最好使用透明塑料杯，既可随时观察根系情况，又可在杯体四周开孔，以利透气和排水。每杯栽1苗，再组合起来放进一个漂亮的套盆里。若直接栽进盆里，须过硬的管理技术。水苔要先用清水浸泡，必要时水里可加点杀菌剂，20分钟后，去掉漂浮杂质，捞起水苔拧干水分备用。

换盆时要对根系和叶片修剪，消毒处理后，晾干水分再上盆。上盆时先在盆底放入树皮、木炭或水苔，再将根系用水苔填塞、包裹，不要裹得太紧。露在外面的气生根，不要埋进盆里，任其自然生长。上盆后不要立即浇水。刚换盆，30℃以上或15℃以下不要施肥。

百合

Lilium brownii var. viridulum

别　名 强瞿、番韭、山丹、倒仙
类　型 多年生宿根草本
科　属 百合科百合属
原产地 亚洲
花　期 5 ~ 6月
果　期 7 ~ 10月

温度及光照

喜散射光、温暖，耐半阴，不耐热，生长适温15 ~ 25℃，低于10℃或高于30℃生长受阻。较耐寒，只要气温不低于0℃，盆栽种球就不会冻坏。

冬季入室后，可放在阳台，让其经过一段时间低温春化（气温为5℃）。不要放在暖气房里，那样会引起早发，影响开花。

水分

喜干燥，生长期要保持盆土湿润，但不可积水。枝叶枯萎后要少浇水，冬季休眠时，浇水更少。

土壤

以土层深厚、肥沃疏松的微酸性（pH 5.5 ~ 6.5）沙质壤土为宜。盆土配制可使用腐叶土、营养土、田园土等量混合。

肥料

上盆时放畜禽粪、骨粉、饼肥均可。在生长期可使用复合肥，以氮肥、钾肥为主，10天或半月施1次，花期和休眠期不施肥，近开花时可略施薄肥。

修剪

不需经常修剪，病虫枝要及时去除。盆花谢花之后，从花梗基部剪去，枯叶也要去掉，健康的茎叶要保留，任其自然枯萎。茎叶的枯萎约在花后50天出现。

繁殖

常采用分球法。接近地面处会生出多个子球，秋季切下经过消毒处理后上盆。栽植时要使用深一点的盆，栽植深度为子球直径的2～3倍，一般每盆栽植2～3球，当然也要看种球的大小。盆要深一点，可抗倒伏，也容易添加滤水层。

病虫害

病虫害不多，主要是叶斑病、鳞茎腐烂病，注意种球和植料的消毒。

选购

家庭盆栽，要选择矮化品种。花朵虽然小点，但管理方便。

移栽或换盆

冬季网上买来的种球，有时根须较长，栽植时根部要剪短，保留2～3厘米即可，芽头要埋进土里。栽种完成后浇透水，放于5～10℃的环境里越冬。未经过低温处理过的种球，最好是在10～11月种植。栽好后放于阴凉处，保持湿润即可。

Q&A 疑难解答

观赏性百合有哪些？

按来源地不同，观赏性百合分为3个类别。

亚洲百合：花色丰富多彩、适应性强、生长周期短。从种植到开花只要3个月左右，最短的仅为70多天。大片种植的多为这个品系，缺点是没有香味。

东方百合：香气浓烈，所以又称为香水百合。每株有花蕾5个左右，相继绽放，单朵花可持花1周，花形大。生长周期较长，100～140天，气温高开花会早一些。对光照要求低，喜阴适合大棚内种植。香味稳定，下雨天也照样醉人。

麝香百合：形态与上述两类百合较有差异，气味清香幽淡，喇叭形的花朵多为侧生，开白花，所以也叫它白百合。其耐热性较好，可以提取香料。

芍药

Paeonia lactiflora

别　名 将离、离草、殿春、没骨花、红药
类　型 多年生草本
科　属 芍药科芍药属
原产地 中国
花　期 5～6月
果　期 8月

温度及光照

喜光照，也耐半阴。耐高温，也耐低温，北方可露地越冬。生长适温18～30℃。高温时节处于半休眠。花期避开日晒，可延长持花时间。

水分

较耐旱，喜湿润，怕水涝。不需每天都浇水，干透浇透。浇水前要松土。春季是生长旺盛期，浇水要勤一些。夏季气温高，多浇一些也无妨。冬季要少浇水。

土壤

以排水良好、土层深厚的沙壤土为宜。可使用腐叶土、营养土、园土、河沙等混合调配。土壤里要加些骨粉、畜粪等作基肥。

肥料

芍药喜肥，必须放底肥。开花之前，施1次农家肥或复合肥；花期结束后，应补充1～2次高磷肥。秋季也要施肥1～2次。入冬之前，要施1次复合肥，最好是农家肥。使用时肥水仍需稀释，可加10倍的水。

修剪

出芽后半月左右，要去除细弱枝，只保留几个健壮枝，每根枝条一般只保留1个花蕾。若枝条上的叶很多，也应适当剪去一些，以便花蕾能获得较多的养分。花谢之后，要及时剪去花梗，可以往下多剪一点。秋末要进行一次较大的修剪，细弱枝、枯死枝、交叉枝等无用枝不予保留。入冬时将地上部分全部剪除，要彻底清除残枝败叶。

繁殖

以分株法最为简便易行。有“春季分芍药，到老不开花”之说，春季花蕾已形成，可带较大的土球移栽，但并不提倡这样做，因为根系难免会有损伤，移栽后也不易服盆。在江淮之间，10月分株最为合适。芍药过3～4年就得分株，不然会影响长势，开花不良。

分株时，最好能保留一些护心土。挖起肉质根分株时要尽量减少伤根，用利刀顺自然缝隙切分，以免伤口过大。可一分为二或三，每个小株要带有2～4个芽点。栽植时，先裹以泥浆，泥浆里可加点生根剂和杀菌剂。盆土要挤实，使根须与泥土密切结合。

为防止栽植时断根，可先阴干1～2天使之变软后再分株。

Q&A 疑难解答

为什么芍药不能正常开花？

芍药不能正常开花的原因很多，比如光照不足、氮肥使用太多、地上部分剪除过早、盆土过干或过湿等。

病虫害

芍药的病虫害不算多，病害主要有灰霉病、褐斑病、红斑病和锈病，虫害主要是蚜虫和介壳虫。

选购

盆栽要选择株型较矮、适应性强、成花率高、健壮的品种。

移栽或换盆

秋季适合换盆，花盆要稍微深一点。将植株从盆中取出后，适当修剪根部，并喷洒多菌灵消毒，配制好疏松肥沃的新土，将其重新栽种。

大丽菊

Dahlia pinnata

别　名　大理花、天竺牡丹、东洋菊、细粉莲、地瓜花

类　型　多年生草本

科　属　菊科大丽花属

原产地　墨西哥热带高原

花　期　6～12月

果　期　9～10月

温度及光照

喜温暖、凉爽，不耐阴。生长适温10～30℃。高温季节，盆花要适当遮阴。不耐寒，入冬时地上部分枯萎，地下宿根可原地越冬，但在−5℃时会被冻死。若遇到低温，可用薄膜将土表覆盖，上面再放些稻草等御寒，盆栽移到室内即可，室外的需注意防冻。在北方严寒地区，为了防止冻坏，须将种球完整挖出，装进细沙或细土里，放室内越冬。保存的环境温度以5～10℃为宜，不可超过10℃，以防早发。

水分

对水分相当敏感，既不耐旱，

Q&A 疑难解答

盆土并不缺水，但却发生萎蔫现象，怎么办？

高温时期，盆土并不缺水，但也会发生枝叶萎蔫的现象，这是因为蒸发作用太强所致。此时不能再继续灌水，应给枝叶及地面喷水降温。

也不耐涝，浇水要见干见湿。夏季要避免积水。雨后突然迎来大太阳，对盆花有伤害，应挪至通风好、光线弱的地方，防止“乍死”。夏季要多浇水并注意喷水。幼苗期要少浇水，不要在傍晚灌水，以免徒长。

土壤

以疏松、肥沃的微酸性沙质土壤为宜。盆土以田园土为主，再适当混入腐殖土或泥炭土以及河沙。

肥料

喜肥，上盆时要放底肥，平时可20天施肥1次，现蕾时2周施肥1次。气温超过30℃，要停止施肥。

修剪

注意摘心打顶，控制好高度，盆栽更应注意。第一季夏花结束后，要及时进行修剪，以促发第二茬花。修剪时，从残花向下剪掉两个芽点即可。能否第二次开花，取决于料理方式。花蕾不能保留太多，否则朵小，观赏性不佳，也影响再次开花。

大丽花的茎秆既空又脆，容易被风吹倒折断，所以必要时要插杆扶株。

繁殖

繁殖主要是采用分株和扦插。

春季分株繁殖时，将块根上带有芽点和须根的部分切割下来进行分栽。

春、夏、秋季均可进行扦插繁殖。剪取枝条，扦插于介质或浸泡于水中，生根后移栽。介质要经过消毒，避免腐烂。

病虫害

病虫害较少，有褐斑病、白粉病、蚜虫、红蜘蛛，防治不难。在盆土表面浅埋1 ～ 2克噻呋酰胺颗粒，预防病害效果很好。

选购

建议选矮花品种，株高在40厘米以下，迷你型只有20厘米高。这些盆栽精品，很适合家庭栽培。

移栽或换盆

换盆可在春季进行，在开花期不可换盆。不要使用塑料盆和深盆，因为它们的透气性很差，容易积水闷根。换盆时可适当去除“肩土”，即盆边土，并注意保持土团不散。增加换盆次数能够适当控制植株高度，延长花期。

朱顶红

Hippeastrum rutilum

别　名　对红、对角兰、红花莲、百枝莲

类　型　多年生草本

科　属　石蒜科朱顶红属

原产地　巴西、秘鲁等热带地区

花　期　4～6月

果　期　6～8月

温度及光照

喜温暖、湿润。生长适温18～25℃，10℃以下，处于休眠期，低于0℃易受冻害。江淮之间地栽朱顶红可露地越冬，但低于−5℃时应采取防冻措施，如覆盖厚土等。冬季盆栽要进屋。

不耐酷热，忌强光直射，夏季要放在散射光处，如长势很好，不遮阴也行。其他季节皆需多接触阳光。冬季温度低的地区，地栽朱顶红需要起球，起球后可埋入细沙中，华南地区的最好也起球。

水分

属球茎花卉，盆土应以偏干为宜，要宁干勿湿。生长期要保持盆土湿润。水应浇透，不宜频繁少量补水。温度越低，需水越少。冬季休眠期要严格控水，即使土壤较干也没问题。待气温升高，叶片长到10厘米时，就可正常浇水和施肥了。朱顶红花葶很长，很脆，含水量大，易被折断。

土壤

喜疏松透气土壤，可用泥炭土加珍珠岩或蛭石作介质，其中泥炭土约占80%。若土壤不合适，其分蘖能力差，子球可能生的很少。

肥料

喜肥，在整个生长过程中要

多施磷钾肥，氮肥要少用，不然叶片会徒长。底肥不可少，应放些骨粉、蛋壳、禽粪、畜粪等。春季出房后至开花前，要进行施肥，先补充复合肥，现蕾时给予磷钾肥，每周1次。开花后进入夏季，是旺盛生长期，可加入饼肥或禽畜粪，另外应在盆土边沿埋进一些缓释型复合肥。8～9月为花芽分化期，应施磷钾肥。9月以后至枯叶期，是地下球茎的生长期，仍需继续施肥，此时氮肥用量要少些。在江淮之间，11月下旬气温为5℃时进屋，此时不再施肥。为防花葶过高，可在拔箭初期施矮壮素。

修剪

平时不需要修剪，花谢之后，趁晴天剪掉花梗的顶端。不要从基部全部剪下，花梗留长些让其自然枯萎。冬季可任叶片自然脱落。休眠期放进室内的，叶子很长，要剪短一些，但不必全剪。

繁殖

常采用分球繁殖。冬季温度在10℃以下的地区，盆栽不用将子球挖出，把花盆放到2～15℃的环境中保持盆土微干即可。分盆移栽时，根须要剪短一些，保留2～3厘米即可。花盆的渗水孔要多一些，盆体口径要稍微大些，以便多生子球。球茎较大，栽植时先将外表的褐皮和枯根去除，然后将种球放入多菌灵或百菌清等药剂里浸泡，晾干后再入土。浸泡时芽心不要进水。栽好后置于阴凉通风处，等几天再浇透水。

栽种时，球茎上部1/3外露，不要全部入土，这样易成活。

选购

挑选时要注意种球根系情况，选择根系粗壮的。

病虫害

基本上不会出现虫害，可每月喷洒1次多菌灵等药剂预防病害。

移栽或换盆

朱顶红一般种植两年后换一次盆，新种下的种球，生根发叶后才可施薄肥。换盆时，可将老叶、老根剪除一些。

郁金香

Tulipa gesneriana

别　名 洋荷花、草麝香、郁香、荷兰花

类　型 多年生草本

科　属 百合科郁金香属

原产地 小亚细亚半岛

花　期 4～5月

果　期 4～5月

温度及光照

长日照花卉，喜向阳、避风处。7℃时开始生长，生长适温15～25℃，花芽分化的适温17～25℃。夏季休眠，秋冬生根。不耐炎热，气温超过28℃，生长停滞。耐寒，种球一般可耐−14℃低温，甚至更低。

水分

发芽前土壤要保持湿润，发芽后水量减少。无论是地栽还是盆栽，都不能积水，否则种球容易腐烂。需水量不大，供给要少量多次。浇水要浇在根部。

生长期空气湿度以80%左右为宜，天气干燥时要注意喷水。

土壤

较耐贫瘠，对土壤要求不高，但忌黏重土壤。以疏松肥沃、排水良好的微酸性沙质土壤为宜。盆土可以用腐殖土加沙粒或者蛭石等量配合，也可用泥炭土加珍珠岩。

肥料

栽种前要放入较多的基肥，以骨粉、畜禽粪为好。还应加点细碎蛋壳，以提供钙质和微量元素。生长期，半月施肥1次。花期不要施肥，但要保持盆土湿润，避开阳光直射。

修剪

花谢之后，在花下2～3厘米处剪断，不要剪过多。叶子要全部保留，任其自然枯萎。在这个时间段，正常浇水，少量施复合肥，目的是为了强壮地下新生的子球。

繁殖

多采用分球繁殖，母球生长期之后，周围会冒出多个大小不等的子球，切分后经过处理便可种植，多在冬季进行，气温一般要在10℃以下。种植时将表皮剥去，头要朝上，覆土的深度为2～3厘米，地栽郁金香可稍微深一点。种植后的半月内，土壤要保持湿润，但一定不能积水。

郁金香开花之后要起球，长期留在地下容易烂根，尤其是雨水多的地区。盆栽郁金香还是挖出为好。

病虫害

常见基腐病，表现为鳞茎腐烂，多因土壤太湿或未经消毒所致。虫害主要是蚜虫和蓟马，可以使用吡虫啉防治。

选购

要选纯正品种、无病虫害、无损伤的大球，因为种球周径要求8厘米以上，8厘米以下的开花没保证。家庭种植都是购买经过春化处理的种球直接种植，使用二代球开花颜值会下降。栽种前，种球最好进行消毒处理，去皮后将整个球体浸泡在药液里。

移栽或换盆

郁金香须带土移栽，确保它能够顺利服盆。而在花期，尽量给它营造一个稳定的开花环境。定植后要浇透水。

Q&A 疑难解答

怎样种出来的郁金香整齐又好看？

将种球较扁平的一面朝向一致，将来长出来的叶子就会整齐、漂亮。

康乃馨

Dianthus caryophyllus

别　名　香石竹、麝香石竹
类　型　多年生草本
科　属　石竹科石竹属
原产地　欧洲南部
花　期　5～8月
果　期　8～9月

温度及光照

喜冷凉、通风良好、光线充足的环境，高温或高湿不利于生长。高温时节，要适当遮阴，避开暴晒。如能有7℃左右的温差，对开花更为有利。

生长适温18～25℃。不耐寒，低于10℃或高于32℃时，生长停止。低于5℃时，会被冻伤。

水分

喜湿润，忌积水。根系不发达，不宜多浇水。见干见湿，盆土发白时才浇水。夏季浇水要多些，每天喷水1次。花期不能缺水，要保持盆土湿润。冬季室内通风不好，浇水要适当。在暖气环境中，湿度不可过低。

土壤

喜肥沃、疏松、排水良好的微酸性或中性的泥土（pH6～7）。盆土以腐叶土或泥炭土为主，再加入田园土、河沙或珍珠岩。

肥料

较喜肥，应薄肥勤施，10天或半月施肥1次。上盆时要放底肥，骨粉、饼渣、畜禽粪、草木灰、鱼腥水等均可。

春、秋季的施肥要多于夏季和冬季，高温阶段不要施肥。苗期以氮肥为主，孕蕾时以磷钾肥为主。为了保持盆土的通透性，应以农家肥为主。

修剪

苗高15厘米左右时要摘心或者打顶，以促进分枝，侧枝长高时也要进行摘心。每根条一般只保留顶部的花蕾，其他的去除，这样可以提高花朵的质量。

花谢后剪去残花，可根据枝条的长度来决定剪口的位置，不要剪去过多。细弱枝、过密枝可适当去除。

繁殖

以扦插繁殖为主。扦插时间可在冬季或春季，要选取健壮、节间距较短的枝条，剪成6厘米长的插穗。较短的无花的侧枝，扦插更容易成活。

病虫害

有叶斑病、灰霉病以及蚜虫和红蜘蛛，对症治疗，及时摘除病虫叶并喷施相应药剂。

选购

挑选花型整齐、花瓣硬挺、生长有序、健壮的植株。盆栽的最好选择矮生品种。

移栽或换盆

移栽时，要带泥团，注意不要伤及根系。换盆前2 ~ 3天停止浇水，然后将其从花盆中取出。修剪植株的烂根、枯根、老根，栽种进新的盆土中，并浇足定根水。若买回的植株有花苞，最好是悉心养护，等到花期过了再进行换盆。

Q&A 疑难解答

康乃馨用深盆还是浅盆？

康乃馨属宿根花卉，它的根系并不是特别发达，但因为康乃馨的植株较高大，所以，养护康乃馨最好还是要用略深一些的花盆，深度在30厘米左右为宜。

鹤望兰

Strelitzia reginae

别　名　天堂鸟、极乐鸟花
类　型　多年生草本
科　属　芭蕉科鹤望兰属
原产地　非洲南部
花　期　10～12月
果　期　12月至翌年3月

温度及光照

长日照植物，喜光照及温暖。生长适温18～30℃。能耐受高温，但应适当避开烈日。

不耐寒，气温在4～5℃时，应入室，最好放在光线明亮处。花盆放置要有一定的高度，不要直接放在地上，这样有利于通风。长期放在室内，基本上不会开花。光照充足，叶片多，易开花。

水分

肉质根，既怕涝又怕旱，宜润而不湿，见干见湿。春季适当浇水；夏季可能早晚都要浇水；高温阶段，应注意喷水，以增加湿度，保持凉爽；深秋以后要减少浇水；冬季要保持盆土偏干。

土壤

以排水良好、疏松肥沃的沙质土壤为宜。可以腐叶土或泥炭土为主，再加些田园土、堆肥、粗沙等进行混合。土壤的透气性要好，否则生长不良，甚至还会烂根。

肥料

喜肥。上盆时要放一些畜粪、骨粉、蛋壳等。生长阶段半月左右施1次薄肥。入秋后多施磷钾肥，平时可在盆土里放入缓释型复合肥。

气温过高、越冬期间以及出现花蕾时，要停止施肥。

修剪

鹤望兰的修剪较轻，并不需要常剪或重剪。休眠期，要将一些徒长枝、细弱枝、病虫枝剪去。春季时，把基部的枯梗去掉。

繁殖

常采用分株繁殖，在春、秋季进行。用利刃将植株一分为二，切口要消毒，防止病菌感染。为便于成活，要剪除部分叶片并进行修根。若原封不动，则生长缓慢。

Q&A 疑难解答

鹤望兰叶片卷曲怎么办？

鹤望兰容易出现叶片卷曲，多因施肥不足、光照太强、浇水太少或者是受到了病虫害的侵袭。

病虫害

病虫害较少，多为通风不良所致。病叶要及时去除。

选购

花市里的鹤望兰大多是尼古拉鹤望兰，它高大，叶色浓绿、光滑，所以也叫大鹤望兰。有种热带植物叫蝎尾蕉，乍一看它的叶片和花朵与鹤望兰有几分相像，卖花人称它为“报喜鸟”，说它才是正宗的鹤望兰，其实不然。

尼古拉鹤望兰

蝎尾蕉

换盆

最好选在春季换盆。花盆不可太浅，要稍微深点，但也无须太深。脱盆前，先停止给鹤望兰浇水，盆土较干才可脱盆。上盆后浇一次定根水。

虎尾兰

Sansevieria trifasciata

别　名　虎皮兰、锦兰、千岁兰、虎尾掌、黄尾兰、岳母舌

类　型　多年生常绿草本

科　属　百合科虎尾兰属

原产地　非洲西部和亚洲南部

花　期　11～12月

果　期　3～5月

温度及光照

喜光照及温暖，耐阴。生长适温20～30℃，高温季节，生长停止。为防暴晒，夏季应放于疏影下或室内养护。越冬温度不可低于5℃，8～10℃较为安全。低于13℃生长停止。室内养护的金边虎尾兰要放在光线好一些的地方，以使金边清晰，还可以促花。

水分

喜湿润，耐旱，要宁干勿湿。浇水时要在盆土周围浇，叶心通常是不能进水的。露天放置的虎尾兰，若蒸发条件好，小雨问题还不大，大雨就不好说了。一般也不宜喷水。清洁叶面时，可使用抹布蘸清水擦洗。干透浇透，不宜频繁地少量补水。若长期缺水，叶片会变得粗糙坚硬，色泽变淡，叶片开裂。

虎尾兰属浅根植物，不能用大盆来养，否则浇水不好把握。

土壤

对土壤要求不严，以排水性较好的沙壤土为宜。可用园土、沙粒、营养土混合，其中沙粒最好要放，粗沙或细沙都行。虎尾兰属中性植物，在微酸性或者微

碱性的土壤里都可以很好地生长，但泥土不能过酸或者过碱。

肥料

主要使用一些复合肥。长势较差，要施些氮肥。若是为了促花，那就得多施磷钾肥。无论是何种肥料，浓度都不可过高。

修剪

一般不需要修剪，影响美观的老叶可以剪除。叶片有病虫害的部分，应及时去除。

繁殖

扦插繁殖的金边虎尾兰，容易变异，金边或可消失，分株繁殖最常用。分株在换盆时进行，可一分为二或一分为三。不翻盆直接切取侧芽也行，但侧芽的生长速度较慢，前期养护稍费神，不能性急。

病虫害

常见的病害是叶斑病，叶片边缘会呈现浅黄色水样斑块，略有凹陷，最后坏死。高温多雨、通风不良易发生。应降低湿度或使用多菌灵、波尔多液等药剂喷治。

选购

园艺品种很多，可根据个人喜好挑选健壮、无病虫害的植株。

移栽或换盆

一般2年换盆1次，盆体不能过大，因浇水不易掌握。一般在春季或冬季换盆。换盆前，可以提前一周控水，使盆土干燥易脱盆。脱盆后，对老根、烂根和细弱根进行修剪，然后将根部浸泡在多菌灵溶液中进行消毒，晾干后即可上盆。

Q&A 疑难解答

家中长时间无人照看虎尾兰怎么办？

使用一大一小2个容器。里面小容器是栽植盆，植料里面放入2 ~ 3条棉纱带，纱带的下端拖入另一个底部盛水的稍大一些的容器里以便吸水。这种方法可以省去浇水的麻烦，适于家中长时间无人照看时使用。市面上有这种自动吸水的花盆在售。

吊兰

Chlorophytum comosum

别　名　垂盆草、折鹤兰、蜘蛛草、飞机草
类　型　多年生草本
科　属　百合科吊兰属
原产地　非洲南部
花　期　5月
果　期　不结实

温度及光照

最适合放置于15 ~ 25℃的阴凉通风处。越冬温度为5℃，30℃以上停止生长。对光照十分敏感，尤其忌烈日。若是长期在室内养护，经短时间阳光直射叶片就会打蔫。金边吊兰更怕日晒，它在散射光处的地方会长得更加漂亮。若一直是露天养护，那自然是不怕阳光的。室外的吊兰比室内的要长得快、长得壮。

水分

喜湿润，耐旱。生长旺盛期要保持盆土完全湿润。冬季休眠期，待盆土表面约1厘米深处干后才浇水。不干不浇，干则浇透。吊兰喜欢较高的空气湿度，平时要注意喷水。夏秋季干燥时更要注意，否则叶片可能出现枯焦。

冬天，务必要控制浇水，以喷水为宜。在暖气或空调房间，空气湿度很低，所以更应注意喷水，否则很快就会干尖。盆土长期潮湿且通风不良，易烂根。

Q&A 疑难解答

吊兰长叶折弯，怎么办？

由于水浇多了且光照弱，或是缺乏钾肥，对症治疗即可。

Q&A 疑难解答

金边吊兰叶片金边不明显怎么办？

金边吊兰氮肥不宜过量，否则叶片的线斑会变得不明显。另外，若光照严重不足，长期过于荫蔽，金边也会退化。注意要有充足的散射光。

土壤

对土壤要求不严，宜用疏松、肥沃的沙壤土。盆栽常用腐叶土或泥炭土、园土和河沙等量混合，并加少量基肥。

肥料

对已开始长出小植株的吊兰，每半个月施1次氮肥。生长旺盛期每月施2次稀薄液肥。若氮肥过多而缺少磷钾肥，就会造成吊兰只长叶子，不长或见不到小植株，此时可在盆边埋入一些畜粪或者追施磷钾肥。

吊兰喜肥，如肥水不足，会造成叶色变淡、叶尖焦枯。生长良好的吊兰，少施肥或不施肥也可以。

修剪

不需要修剪，但黄叶、枯叶要随时从根部去除。

繁殖

分株、扦插都很容易成活。一般都是将匍匐茎上的小吊兰剪下，泡在水里或插进泥土中。水苔、树皮等都可以作为植料，不一定非得使用泥土。

病虫害

病虫害很少，如发生根部腐烂，可用多菌灵粉剂700倍液灌入，每周1次，连用2～3次。

选购

挑选叶片自然下垂，有光泽，没有枯黄的植株。吊兰的品种很多，如金边吊兰、银边吊兰、珍珠吊兰、彩叶吊兰等，可根据个人喜好决定。

移栽或换盆

最好选春、秋季换盆，换盆时要将吊兰的根系适当修剪一下。

绿萝

Epipremnum aureum

别　名 魔鬼藤、黄金葛、黄金藤、桑叶

类　型 常绿藤本

科　属 天南星科麒麟叶属

原产地 印度尼西亚、所罗门群岛的热带雨林

花　期 不开花

果　期 不结实

温度及光照

喜半阴，忌阳光直射。夏季放于室外的，要遮阴；冬季处于室内的，要放在光线明亮处，但仍要避免阳光直射。光线过强，会出现黄叶和落叶。

对温度的反应敏感。生长适温15～25℃，低于15℃时生长缓慢。不耐寒，室温10℃以上可安全越冬。

水分

生长期间对水分和空气湿度要求较高，不可缺水。除正常给盆土浇水保持湿润外，还要常向叶面和枝条喷水。冬季要少浇水。水浇得多时，要注意通风，使之有一定的蒸发条件，不致闷坏。

土养的要勤浇水，水养的要常换水。绿萝的生命力很强，遇水即活。水培绿萝是可以的，但长势不如土栽的。

土壤

以疏松肥沃、微酸性的土壤为宜。盆土可用泥炭土、田园土、粗沙混合，再放些畜禽粪作基肥。

肥料

需肥不多，每月1次即可，以氮肥为主，磷钾肥为辅。若长势不佳，叶色不正，可酌情增加氮肥。尿素溶液喷施茎叶，效果不错。浓度要低，0.4％左右即可。

如能使用观叶植物的专用叶面肥，效果更好。入冬后，若室内温度较高，需要施肥时，以喷施叶面肥为主。

修剪

绿萝生长速度较快，叶片、枝条、根系都需要适时修剪。茎叶过密，要注意修剪，以利透风透光，可按自己喜爱的形状进行修剪。黄叶、枯叶、病叶、烂根应及时去除。水培绿萝，入水的叶片要剪掉，以免腐烂影响水质。

Q&A 疑难解答

如何制作绿萝树？

盆体和植株形体较大的，可在盆的中央立一木柱，再以椰衣包裹，让藤蔓缠绕攀缘，它将俨然成为一株碧树。

繁殖

繁殖比较容易，主要是扦插和压条。扦插时，下端用利刀进行十字形切割，泥插和水插都可以。

病虫害

主要有炭疽病、根腐病、叶斑病。发现病害叶片，要及时剪除。

选购

绿萝售价低廉，也有很多园艺品种。青叶绿萝最为常见，叶色翠绿，没有花纹和杂色。黄叶绿萝、斑点绿萝、花叶绿萝等也很好看。

水培的绿萝，要选择带有气生根的健壮植株，使用透明的玻璃瓶。部分气生根也要入水，气生根越多，植株的生长状态也就越好。

移栽或换盆

根系较多，需酌情换盆。盆栽新苗，一般每盆3～5株。绿萝并没有固定的换盆时间限制，一年四季都能换盆，但是最好在春季。脱盆后，最好将盆土下面一半的根系都修剪掉，不然新换上的盆土都无处安放。土球外围也削掉1/3左右的土壤。换盆后，稍微用力把盆土压实。

长春花

Catharanthus roseus

别　名　雁头红、四时春、日日草

类　型　多年生草本，常作一年生栽培

科　属　夹竹桃科长春花属

原产地　非洲东部

花　期　7 ~ 9月

果　期　9 ~ 10月

温度及光照

喜光照、温暖，也耐半阴。生长适温20 ~ 33℃。不耐严寒，3 ~ 5℃时进屋，一般放在南阳台上或室内朝南的光线明亮处。如室内气温在20℃左右且光照合适，冬季也照样开花。

水分

忌湿怕涝，不要频繁浇水。阴雨连绵时，要防积水。盆土过湿，会引起黄叶，甚至死亡。若水碱性偏大，要适当加入硫酸亚铁。

土壤

对土壤要求不严格，不耐盐碱，普通园土即可。以疏松、肥沃的沙壤土为宜。盆土可用腐叶土或者泥炭土加河沙混合配制，植料要先进行消毒。

肥料

长春花花期长，所以要薄肥勤施。上盆时要放底肥，生长期多施氮肥，孕蕾时多施磷钾肥。因为花朵是相继绽放的，所以开花时仍要补肥。

修剪

长春花分枝很少，因此要注意摘心、打顶，促发侧枝，增加花量。株高接近10厘米时，就要进行第一次摘心。侧枝长有2 ~ 3

对叶片时，继续打顶。植株高度一般不宜超过20厘米。

品种不同，生长的高度也会有差异。若不打算留种，残花和种荚要及时去除。

繁殖

以种子繁殖为主，春播为宜。它的自生能力很强。种子落在花盆里，可以自行萌发，不必人为干预。

病虫害

病害主要是黄化病和褐斑病，病叶要及时剪除。虫害方面，主要是介壳虫和红蜘蛛。由于植株本身具有毒性，所以病虫害相对较少。

选购

长春花品种繁多，花色多样，挑选株型紧凑、分枝性佳、叶深绿有光泽的植株。

移栽或换盆

长春花多选择在春秋进行换盆。选择吸水性、通气性良好的盆。上盆后立即浇足水，避免阳光直射。

Q&A 疑难解答

常见的长春花有哪些？

品种很多，常见的有清凉系列、太平洋系列、星云系列、地中海系列，根据个人喜好和品种特性选择。

太平洋系列

星云系列

清凉系列

萱草

Hemerocallis fulva

别　名　鹿葱、川草花、忘郁、丹棘
类　型　多年生宿根草本
科　属　百合科萱草属
原产地　中国南方
花　期　5～7月
果　期　5～7月

温度及光照

喜光，也耐半阴，夏季不需遮阴。生长适温12～28℃，低于5℃或高于30℃生长停滞。耐寒，在华北甚至东北地区都可以露地越冬。0℃时叶片会枯萎，春季将再发新叶。

水分

耐旱，也耐湿，但要避免盆土过干和过湿。干透浇透，即使是在高温时节，也不用每天浇水。冬天一般不用浇水或很少浇水。

土壤

对土壤要求不高（pH 6.5～7.5）田园土即可，肥沃一些更好。盆栽泥土可以用腐叶土或泥炭土与田园土混合。

肥料

上盆时要放入畜禽粪或饼肥，平时可使用均衡的三元复合肥，孕蕾期追施磷钾肥。施肥主要是在春、秋季，20天或每月施肥1次即可。夏季和冬天不需要施肥。

修剪

生长初期要摘心或打顶。苗高15厘米时剪去顶端以促发侧枝，当侧枝长到5厘米时再次摘心。盆栽一定要控制好高度，必要时可使用生长调节剂。过密枝、徒长枝、细弱枝要剪除，以保持植株通气良好。花谢后，将花葶上部分去除。枯叶、病叶随时去掉。

繁殖

家庭常采用分株繁殖，秋季或春季都行。每隔3～4年，要进行分株。露地大片种植的萱草，多在春季进行播种。分株繁殖的第二年可以开花，播种的第三年能够见花。

病虫害

高温高湿、通风不良时，易发生叶斑病、蚜虫、红蜘蛛。

选购

萱草品种繁多，适合缀植于花园或花境。露台或小阳台建议种植矮化品种，春夏之交挑选花蕾饱满的品种。

移栽或换盆

可以选择在秋季的时候播种，春季的时候进行移栽。盆栽萱草每隔2～3年于春季换盆。

Q&A 疑难解答

萱草、百合、黄花菜如何区别？

百合具有明显的茎和茎生叶，花单生或簇生于茎顶，但萱草和黄花菜明显不是。

萱草的叶片较宽，花梗较长，花葶高于叶片，花瓣厚实。黄花菜的花朵瘦长，花瓣偏窄，花梗较短，花葶也长短不一。由于品种的不同，食用黄花菜的花朵不一定就是全黄色的，但色彩没有萱草的丰富和艳丽。

黄花菜为总状花序，花序轴细长，上面生有较多的花蕾，花柄长度基本一致。萱草是圆锥花序，花轴上有分枝，每一分枝上又各成一个总状花序。

百合

萱草

黄花菜

秋海棠

Begonia grandis

别　名　八香、断肠花、相思草、八月春

类　型　多年生草本

科　属　秋海棠科秋海棠属

原产地　中国、日本、印尼、巴西等地

花　期　7 ~ 9月

果　期　9 ~ 11月

温度及光照

不耐高温，适合在散射光下生长。夏季光照过强，叶片易出现焦斑、黄叶，5 ~ 9月要遮光，其他时段可以接受全日照。长期养在室内的秋海棠，应隔几天挪至室外散射光下照射。要隔段时间转动一下花盆，使之受光均匀。

生长适温18 ~ 30℃，32℃以上或10℃以下生长停滞，0℃以上可安全越冬。若短期内被冻伤，剪去受冻部分，移到温度较高处即可。若室温15℃以上，可持续开花。

水分

喜湿润。生长期要经常喷水，保持盆土湿润，但也不可太湿，否则会烂根或诱发病虫害。室内养护的秋海棠，浇水后要注意通风。空气湿度要求在70%左右，夏季和干燥时段除浇水外，还要注意喷水。

土壤

喜疏松肥沃、排水良好的沙质土壤（pH 6.5 ~ 7.0）。盆土可使用泥炭土或腐叶土加珍珠岩或河沙，再混入少量园土。也可以用纯水苔种植。

肥料

秋海棠可连续开花，花期长，要薄肥勤施，20天左右施肥1次，以磷钾肥为主。平时可在盆土里放进一些羊粪或复合型缓释肥，这样可以减少施肥的次数。高温或低温期，不要施肥。

修剪

小苗高度为6厘米时就要摘心，以促进分枝。它的分枝力较强，对细弱枝、过密枝要剪除，过高的植株要进行短截。

竹节秋海棠或其他植株长得较高的秋海棠品种，容易倒伏，可辅以立柱。

繁殖

播种、扦插、分株繁殖均可，成活率很高。分株一般是在换盆时进行。

病虫害

主要为白粉病，要改善通风条件，摘除病叶，严重时可喷施百菌清、粉锈宁等药剂。

选购

秋海棠的园艺品种较多，有圆叶秋海棠、珊瑚秋海棠等。其中矮生型重瓣花很适合盆栽。

移栽或换盆

换盆在春秋两季进行，在换盆时可以带着少部分原土进行，这样可以有效地减少对根部的损伤。换盆后，不要立刻浇水、施肥，但可施生根液。服盆后可以进行正常的水肥管理。

知识拓展

秋海棠的花语是“温和、亲切、诚恳”，象征苦恋和离愁别绪。每当爱情受挫，人们常以秋海棠自喻，古人称其为相思草、断肠花。

我国南宋时代的陆游和唐婉的凄美爱情故事为国人熟知。陆游母亲棒打鸳鸯，逼儿休妻。依依惜别之际，唐婉给陆游送来一盆红花秋海棠，借以抒发离别的悲伤情怀，并说那是“断肠红”。陆游说：“不对，该称她为‘相思红’！”

清朝文学家袁枚写有《秋海棠》诗：“小朵娇红窈窕姿，独含秋气发花迟。暗中自有清香在，不是幽人不得知。”诗人托物言志，以“清香”“幽人”自喻，指品德高洁。

大花马齿苋

Portulaca grandiflora

别　名 洋马齿苋、太阳花、午时花、松叶牡丹、半支莲、不死花
类　型 一年生草本
科　属 马齿苋科马齿苋属
原产地 南美洲
花　期 6 ~ 9月
果　期 8 ~ 11月

温度及光照

典型的强阳性花卉，喜欢温暖、明亮、干燥的环境，忌阴暗潮湿。见阳光便露出笑脸，中午花开尤盛，早晨、夜间和阴天稍有闭合，所以又称其为午时花。无论在哪个阶段，它都需要充足的光照。

气温在20℃以上时，种子发芽。生长适温20 ~ 30℃，35℃以上时生长会受到抑制，但绝不会被晒死。不耐寒，15℃时停止生长。

水分

不需要多浇水，即使是在夏季也不必每天补水。开花前期要少浇水，以防枝条徒长。

土壤

不择土壤，普通泥土便可，肥沃的沙质土壤最好。

肥料

需肥量不大，即使不施肥也无妨。但为了更好地开花，还是要适当给肥，以磷钾肥为主，少用氮肥。

修剪

不需要怎么修剪，主要是生长期要打顶，避免枝条过长。分枝越多，花也越多。

繁殖

以种子繁殖为主，春、夏、秋季都可以播种。

大花马齿苋的种子很小，所以播撒时要掺入细土或细沙，种子入土后可用细土或细沙稍微覆盖，如土表平坦细腻不予盖土也行。

大花马齿苋的自播能力很强，温度合适时就会自动萌发，无须人为干预。

病虫害

抗性很强，病虫害少见。

选购

大花马齿苋的品种较多，花瓣颜色多样，还有半重瓣、重瓣之分。挑选有信誉的商家，因其比较好养，可根据自己的喜好选购。

移栽或换盆

播种苗长至5厘米左右即可移植上盆。也可在盆中直播。

Q&A 疑难解答

重瓣品种如何繁殖？

重瓣品种性状很不稳定，种子繁殖时变异概率更大。扦插繁殖常用于重瓣品种，在生长阶段进行。在泥土上戳洞，再截取母株的顶端直接放进，然后浇水保湿，不必经过消毒、遮阴等处理。扦插不能过密，阴雨天更易成活。

注意：药用大花马齿苋和重瓣大花马齿苋的种子要分开采集、种植，不能栽植在同一个盆里，因为互相授粉会导致性状改变。药用大花马齿苋的颜色，每年都会有差别，不会完全一模一样。

凤仙花

Impatiens balsamina

别　名　指甲花、急性子、灯盏花、小桃红
类　型　一年生草本
科　属　凤仙花科凤仙花属
原产地　中国、印度和马来西亚
花　期　7～10月
果　期　10～11月

温度及光照

喜温暖和充足光照，耐热，高温季节也基本上不需要遮阴。生长适温15～32℃。畏寒，5℃以下时植株枯萎。

水分

喜湿润，也能耐旱。浇水要见干见湿，花期要保持盆土湿润，雨季要避免盆土积水。

土壤

对土壤要求不严，适应性强，以疏松肥沃、排水良好的微酸性土壤为宜。

盆土配制不要使用单一的植料，如泥炭土、腐叶土、田园土等，保水力太强或太弱均不合适。

肥料

平时给予多元性复合肥；生长期以氮肥为主，辅以磷钾肥；孕蕾期以磷钾肥为主。若底肥充足，则平时不需要频繁施肥。

修剪

幼苗长到10厘米高时，进行摘心，以便促生侧枝多开花。如侧枝生长过旺，也要摘心，花蕾出现时植株便不再长高或长得很慢。

若不需要留种，花谢后应剪去残花。

繁殖

常用种子繁殖，播种期为3～4月。播种前先将苗床泥土弄碎并用水喷湿，下种后用细土覆盖，不用再浇水了。种子的发芽力很强，约1周后萌发。

也可剪取健壮的枝条进行扦插，插穗上要有2～3个节点。

病虫害

病虫害较少，常见的有白粉病、蚜虫和红天蛾，对症治疗。

选购

凤仙花名字吉祥，花期较长，容易管理。其品种较多，可根据自己的喜好选购。

矮生品种株高只有20多厘米，很适合阳台摆放。如能选到复色花品种，那就更漂亮了。

移栽或换盆

当小苗长到4～5片叶时即可移栽，要避免伤及其根部，可带土移栽，2～3个月后即可开花。

上盆后，应放于阴凉处缓苗1周，然后进行正常管理。

已经生长成型的盆栽凤仙花买回家之后不用换盆，也不用施肥，直接套盆养护。

Q&A 疑难解答

非洲凤仙花是凤仙花吗？

两者不一样。产于东非热带地区的非洲凤仙花为多年生肉质草本，有何氏凤仙、苏氏凤仙等品种，其特点是耐阴、植株较矮、花色明艳、花期超长。最近10年非洲凤仙在我国甚为流行，公园里、花市里基本上都是这个品种，又叫玻璃翠。

非洲凤仙花

鸡冠花

Celosia cristata

别　名　鸡髻花、老来红、鸡角根、红鸡冠

类　型　一年生草本

科　属　苋科青葙属

原产地　非洲、美洲热带和印度

花　期　7～10月

果　期　9～11月

温度及光照

喜阳光充足、温暖干热的气候。光照不足，生长不良，茎叶徒长，花序很小。生长适温为20～32℃。不惧高温、不耐寒，0℃时就会枯死。

水分

怕干旱，不耐涝，多雨阶段要避免盆土过湿或积水。浇水要见干见湿，不可干透浇透。

春夏生长期和开花期要适当多浇水，保持盆土湿润。种子成熟阶段浇水要少，以促进种子更好地发育。对空气湿度要求不高，不需要给叶面喷水。

土壤

对土壤要求不严，一般土壤都能种植，以疏松肥沃、排水良好的沙质土壤为宜。盆土以田园土为主，再加入腐叶土或泥炭土以及少量河沙。

肥料

喜肥，比一般花卉需肥量稍大。播种或上盆时，底肥不可或缺。前期施多元复合肥，后期多施磷钾肥。氮肥要少施，主要是用在壮苗期。

修剪

不需要过多的修剪，黄叶、

病叶要剪除。是否要进行摘心，可根据株型和分枝情况决定。

繁殖

常采用种子繁殖。春季播种，从下种到开花需要4～5个月的时间。在长江以北地区若播种太晚，花期会推迟、缩短。

病虫害

病虫害很少，常见的是叶斑病。浇水过多、通风不好会出现烂根。

选购

花市里的鸡冠花通常都不是盆育的，而是在花期时从地里直接移入花盆中售卖。花被片有红、黄、紫、橙等多种颜色，以红色最为常见，白色的很少见到。花形有扫帚状、圆头状、羽毛状等。家庭盆栽应选取矮生品种。

移栽或换盆

家庭盆土播种的，一般幼苗种得过密，先要间苗，而后当小苗生到5～6片叶时再进行分盆移栽。上盆时要带点土球，栽植要深一点，以将叶子接近盆土表面为好，栽后浇透水。幼苗期要注意除草松土。

Q&A 疑难解答

鸡冠花有什么用途？

花朵可以用来炖肉、炒肉；叶子可以做菜，凉拌、清炒、包饺子都行。成熟的花朵采摘后，洗净、水蒸、晾干后可用作药茶。

仙客来

Cyclamen persicum

别　名 萝卜海棠、兔子花、兔耳花、一品冠、篝火花

类　型 多年生草本

科　属 报春花科仙客来属

原产地 希腊、叙利亚、黎巴嫩等地

花　期 12月至翌年4月

果　期 5～6月

温度及光照

生长适温15～25℃，花期温度最好控制在18℃左右，不能低于10℃，5℃以下生长缓慢，0℃温度时要进屋。夏季气温在30℃以上时进入休眠，35℃以上植株可能会死亡。要求有一定的温差，利于花芽分化以及花梗的拔高。

喜散射光，忌阳光直射。光线不足时，叶片徒长。春、秋季可放在室外养护，光线明亮、空气流通，可减少病害。夏季高温多雨，可移至北阳台。花盆要隔段时间转换方向，防止受光不均造成花茎歪斜。

水分

喜温润。浇水要间干间湿，宁干勿湿，稍微干点无妨。若不是处于花期，叶子略有萎蔫时，浇水也可以。春、秋季属于生长旺季，需水量多一些，尤其是露天放置的仙客来。夏季处于休眠期需水很少，露天放置的仙客来一定要保证阴凉通风，还要防止淋雨。冬天在室内要少浇水，浇水后要注意通风。冬季花期浇水时，要使用1次杀菌药剂。补水时要沿着盆边细水慢浇，不要浇到植株上，如能采用浸盆法补水更好。

对空气湿度要求较高，以70%为宜。冬季有暖气，要在盆沿上围以湿毛巾或者在盆托下再加一个水盘。春、秋季空气干燥时，可给叶片少量喷雾。

土壤

以排水良好、疏松透气的沙质壤土为宜（pH 5.5 ~ 6.5）。盆土可以腐叶土为主，再适量混入营养土、田园土、粗沙；也可以使用泥炭土和椰糠再加点粗河沙。

肥料

换盆时要放底肥，最好是饼肥、骨粉、畜禽粪。春季施多元素复合肥，秋季要先施1 ~ 2次以氮元素为主的肥料，当花蕾出现时，改以磷钾肥为主。由于其花期长，所以即使在花期也还是要补充肥料的。花期施肥浓度要淡，要少用氮肥，以免叶片徒长，氮磷钾三种元素的摄入比通常是1 ：1 ：3。施肥半月1次，休眠期不可施肥。

施肥时间应选在晴天盆土较干时进行。

修剪

花谢之后，将花梗剪除，位置可以稍高一点，剪口处最好消毒。病叶、黄叶要剪除，纤弱、过密的枝叶也要适当去除。

繁殖

仙客来的块茎再生力很强，切割块茎繁殖容易成活。9月前后块茎开始萌动时，将其取出洗净切成2 ~ 3块，经过消毒后晾干备用。上盆时芽眼向上，覆土后浇水。不要栽植过深，要使用浅盆，最好是泥瓦盆，苗小时不可用大盆。若不需要繁殖，块茎原盆度夏即可。

病虫害

主要有炭疽病和蚜虫。炭疽病多发生在5 ~ 7月，高温、高湿易发生，及时摘除病叶，发病初期可喷施甲基硫菌灵或多菌灵防治。

选购

购买盆花时，除了看花朵和花蕾的状态，还要看球根和叶片。商家肯定会将黄叶摘除，若有这种情况，可以从球根上看出来。

移栽或换盆

买回的盆花，要进行缓苗，先不要晒太阳，也不要急于浇水和施肥，更不能立即换盆。

鸿运当头

Guzmania lingulata var. *cardinalis*

别　名　锦叶凤梨、果子蔓、大花红星

类　型　多年生草本

科　属　凤梨科果子蔓属

原产地　南美

花　期　2～3月

果　期　不结实

温度及光照

生长适温20～28℃，气温在35℃以上时，植株会遭受伤害。很不耐寒，10℃以下时生长停止，5℃以下时，叶片黄、花色淡，会被冻死。室外放置的鸿运当头，春、秋季可接受适当的光照，夏季则要完全遮阴，并应注意通风和环境温度。

水分

要经常保持盆土的湿润，不可偏干。鸿运当头的根系很弱，对于水分和养料的吸收主要是靠叶片。浇水除了浇根之外还要向靠近根部的叶丛内浇水。它的叶片是轮生的，四周有凹陷（叶筒），是可以盛得住水的。液肥也可施于此处。

对空气湿度要求高，以70%为宜，低于40%叶片会卷曲或干尖。要经常喷水，但要避开花心，花柱上的红色苞片可以喷雾。

土壤

宜采用疏松透气、排水良好的微酸性土壤。盆土配制可用腐叶土或泥炭土加河沙混合，或者用质量高的营养土加粗沙混合。

肥料

根系不发达，并不需要频繁施肥。小苗期，使用以氮元素为主的肥料。平时使用复合肥，秋季或在开花之前给予磷钾肥。花期不施肥。若不作繁殖，买回的鸿运当头是不用施肥的。

修剪

一般不作修剪。

繁殖

家庭主要采用分株繁殖。鸿运当头的根部在花期过后会有小芽生出，等到小芽长到5～6片叶时切出移栽，老株不予保留或者将其用作繁殖用的母株，因为老株一般不会再开花了。小苗要养到2年以上才可以开花，宜用浅盆栽植。

病虫害

浇水不当或通风不良时，穗状花序和根部容易出现腐烂。叶片会受到介壳虫、红蜘蛛、蜗牛等危害。

选购

挑选叶丛辐射均匀、植株健壮、叶片有光泽的。

移栽或换盆

已经生长成型的盆栽火炬凤梨买回家之后不用换盆，也不用施肥，直接套盆养护。

Q&A 疑难解答

鸿运当头和观赏凤梨有什么区别？

鸿运当头是观赏凤梨的一种，观赏凤梨是一个大家族，有凤梨属、水塔花属、彩叶凤梨属、莺哥属以及铁兰属等。鸿运当头原产于南美洲地区，被称为南美地区的代表性植物之一。因为南美洲地区的气候特征大多数为亚热带性气候，所以鸿运当头的生长环境要求也很契合亚热带特点。

鸿运当头都是附生植物，其根系主要起固定和支持作用。它的叶片排列成莲座状，基部相互包叠耦合形成杯状的叶筒，在叶筒内分布有许多细微的吸收器官——吸收鳞片。叶筒不仅可用于降雨时贮存水分，同时也可以接纳落入的叶片、昆虫及动物的排泄物，从而在其生长发育过程中，断地吸收自身生长发育所必需的水和养分。所以在生长季节浇水时，应将其叶筒注满，施无机肥时除浇入盆土外，还需喷洒些在叶片上和叶筒内。在天气干旱时或者空气中水含量较少时，叶筒就会把积存的水源缓慢释放出来。

花烛

Anthurium andraeanum

别　名　红掌、安祖花
类　型　多年生常绿草本
科　属　天南星科花烛属
原产地　南美洲热带雨林
花　期　几乎全年
果　期　不结实

温度及光照

喜温暖，怕严寒，喜半阴，忌阳光直射。春、秋季要适当遮阴，夏季更要注意避开日晒，冬季要置于室内光线充足的地方。

生长适温20～32℃，能承受的最高温度为35℃，最低温度为10℃，15℃以下时生长停止。

水分

喜湿，畏旱。春、夏、秋季盆土要保持湿润，冬季室内有暖气时也应如此。

对空气湿度要求高，最好不低于50%。一年四季都要对叶面和气生根喷水。叶片也要适当擦洗，不可积灰。小苗多喷水，花期少浇水。

土壤

宜使用疏松透气、排水良好、富含腐殖质的微酸性土壤（pH 5.5～6.5）。碱性大，叶片易开裂。可用泥炭土或腐叶土、粗沙、树皮或椰糠混合配置，不宜使用单一的植料。

肥料

喜钾肥，使用骨粉、草木灰、香蕉皮均可。

修剪

花谢之后将花葶离基部5厘

米以上的部分剪除，衰老、弯曲、有病虫害的叶柄要及时剪去。

> 红掌的汁液有微毒，修剪时要避免触及，皮肤沾染汁液应及时清洗。阴雨天不要修剪，工具最好经过消毒。
>
> TIPS

Q&A 疑难解答

苞片的颜色为何会变？

自然衰老时，苞片和花序会同时褪色变绿，若黄色的花序颜色没有改变而只是苞片变色，那可能是光照太强或者氮肥用量过多。

繁殖

常用的繁殖方式是分株。花期过后，将带有气生根的侧枝切下移栽进蛭石、沙粒或培养土中，生根后定植于花盆。

病虫害

病虫害不严重，主要有叶斑病、炭疽病、红蜘蛛和介壳虫。

选购

品种十分繁多，佛焰苞和叶片均变化丰富。选择株型紧凑，叶片深绿无黄叶、病斑或残缺，并且佛焰苞多的植株。

移栽或换盆

换盆春、秋季为好，温度适宜，换盆后植株服盆快。花烛为浅根系植物，不要用深盆或大盆。

Q&A 疑难解答

红掌和白掌有什么区别？

它们不是一种植物，红掌又叫花烛、火鹤花，天南星科花烛属植物。白掌又叫白鹤芋，天南星科苞叶芋属植物。红掌花的颜色是以红色为主，而白掌以白色为主。白掌的佛焰苞将肉穗花序包了一半，而红掌则全部包住，且呈垂直的状态。红掌的佛焰苞厚度要远远地大于白掌。

马蹄莲

Zantedeschia aethiopica

别　名　慈姑花、水芋、海芋百合、花芋
类　型　多年生草本
科　属　天南星科马蹄莲属
原产地　埃及、非洲南部
花　期　11月至翌年5月
果　期　罕见

温度及光照

喜光照和温暖，也耐半阴。除冬季外，要在散射光下养护，夏季一定要避开烈日。高温时节，马蹄莲进入休眠期。

生长适温18～28℃，4℃时要进屋。0℃时会冻死，32℃以上生长停滞不再开花。花蕾形成后夜间温度降至12～15℃，白天温度维持在20℃以内。

水分

喜湿畏旱，稍有积水也无大碍。生长期要多浇水，开花期要保持盆土湿润。春季开花之后，叶片逐渐变黄进入休眠期，此时要少浇水，多喷水。叶片枯萎后，秋季可以再发叶。

对空气湿度要求高，宜在70%～75%，在空气干燥的地区，不妨用浅盆水养。水培时根部用石子固定，使用营养液型肥料。

土壤

对土壤要求不高，以疏松肥

Q&A 疑难解答

如何延长开花时间？

花蕾生长期适当降温，有利于花蕾上色，并可使植物更加健壮，延长开花时间。

沃的微酸性沙质土为宜（pH 5.5～7）。盆土可用腐叶土或泥炭土加少量园土，植料要经过杀菌处理。可以用椰糠、树皮、水苔等种植。

肥料

喜肥。上盆时要放底肥，农家肥和缓释型多元性复合肥都可以。因为花期长，所以要薄肥勤施，一般是20天1次。苗期使用复合肥，开花前以磷钾肥为主，休眠期不施肥。

施肥时，肥液不能进入叶丛。

修剪

无须多修剪，残花黄叶及时剪除即可。

繁殖

以分球繁殖为主，时间一般是在9月，结合换盆进行。将块茎四周的小球切下，消毒后另行种植。根据盆体大小，一般盆体每盆可种5个左右小球。下种时芽点朝上，覆土要深一点，5厘米左右。

花后可以不起球，让其在盆土中自然越夏，但要注意环境温度和盆土湿度。一般是将盆体横放，防止积水。若起球，应先晾干，再放进冰箱的冷藏室，温度控制在4℃。

病虫害

病虫害较少，有根腐病、红蜘蛛、介壳虫等。种球和植料要先经过消毒，生长期适当喷施药剂，注意通风。

选购

现代园艺品种的佛焰苞的颜色极富变化，有红、黄、白、紫等多种色彩，花轴的颜色也不光只是黄色一种。初学者可以选择白花马蹄莲，因为白花马蹄莲要比彩色马蹄莲好养一些。

种球的储藏比较麻烦，一般都是从网上购买种球，随买随种。商品球多为进口的，品种较多，价格也不高。种球大小按周长计量，周长为21厘米的，每球的花苞一般在7个左右。

移栽或换盆

一般不需要移栽，如果一定要移栽，则要选在气候比较温和的春、秋季。建议选用浅盆，不能用深盆。

令箭荷花

Nopalxochia ackermannii

别　名　孔雀仙人掌、孔雀兰、荷令箭
类　型　多年生常绿草本
科　属　仙人掌科令箭荷花属
原产地　墨西哥中南部和波利维亚
花　期　4～6月
果　期　不结实

温度及光照

喜光照充足和通风良好，除夏季外，其他季节都应多接触阳光，盆栽令箭荷花冬季应放于南阳台。

生长适温20～30℃，32℃以上时生长停滞。室外养护时，虽然它可以耐受高温，但也忌暴晒，所以夏季要置于通风较好的散射光处。不耐寒，接近0℃时易受冻害，3～5℃时应进屋。

水分

盆土切不可太湿，水是一定不能多浇的。气温越低，需水越少。浇水要间干间湿，当盆土干到2/3时，应浇透水。对空气湿度要求很高。夏季要多喷水，包括植株、盆体和周边。大雨过后要察看盆土状况，不可积水。

土壤

以疏松肥沃的微酸性沙质土壤为宜（pH5.0～6.5）。盆土可用等量的腐叶土或质量较好的营养土、河沙混合。园土以及碱性较大的植料不能采用，若多年不见开花，那很可能是土壤的问题。

肥料

上盆时，要放入底肥，可以是畜禽粪、饼肥、蛋壳等，也可以是复合型缓释肥。生长期20天施肥1次，以磷钾肥为主，氮肥少用。花蕾形成时，要给予速效磷钾肥。高温时节不施肥，冬季室内有暖气时可正常管理。

修剪

当茎片长到25厘米高度时，应剪除主茎顶端嫩头，避免其继续拔高。花蕾形成时，要剪除过多的侧芽，避免养分分散。令箭荷花的花朵冠幅较大，花蕾过多或过密，应适当去除弱小的、位置不佳的。为使株型美观，可辅以立柱或圆筒形支架。

繁殖

以扦插繁殖为主。扦插时，将健壮的叶状枝剪成段，伤口晾干后插入干净的基质，如营养土、沙粒、蛭石等。如对插条和基质进行消毒处理则更好，不处理也行。生根后要及时移栽。扦插时间并无限制。

插条要选用生长期在2年以上的，这样1年后就可以开花，若是当年生的嫩茎则开花较晚。

TIPS

病虫害

主要是茎腐病以及蚜虫、介壳虫、红蜘蛛、蜗牛，可在盆土表面撒放吡虫啉防治蚜虫等害虫，春季要提前喷施杀菌药剂。

选购

根据个人喜好挑选适合的品种，要求健壮、无病虫害。

移栽或换盆

一般1 ~ 2年换一次盆，春、秋季均可。去掉部分陈土和枯根，补充新的培养土。最好用泥瓦盆，盆体不要过大，也不能过深，盆托下面最好再放一个水盘。

Q&A 疑难解答

名贵的令箭荷花品种如何繁殖成活率高？

一般我们买到好的令箭荷花品种价格较高，如果直接扦插容易养死，所以大部分花友都会选择把它嫁接。嫁接时一般以仙人掌为砧木，在砧木顶端做一切口，将令箭荷花扁平茎削成楔子形插入砧木切口，切削处不要外露，然后用薄膜包裹并加以捆扎放于阴凉处。

蟹爪兰

Schlumbergera truncata

别　名 圣诞仙人掌、蟹爪莲、锦上添花、螃蟹兰

类　型 多年生常绿草本

科　属 仙人掌科仙人指属

原产地 巴西

花　期 10月至翌年2月

果　期 10月至翌年2月

温度及光照

喜凉爽、湿润，需要明亮的散射光。盆栽蟹爪兰冬、夏季不能放在室外。室内放置时，要靠近南面的窗户。

蟹爪兰属于短日照植物，畏夏季高温烈日，较耐阴。生长适温15～25℃，开花适温在13℃左右。5℃以下或32℃以上处于休眠期。低于2℃，就可能落蕾或被冻伤。

水分

耐旱，保持土壤稍微湿润，宁干勿湿。春、秋季正常浇水，夏季适当多浇，休眠期尽量不要浇水，应改为喷雾。

对空气湿度要求较高，以60%为宜，生长期要经常喷雾。泥土干点无妨，但湿度不够就很难养好。

土壤

喜欢疏松、富含有机质、排水透气良好的微酸性土壤（pH55～65）。盆土可使用腐叶土加营养土，也可用园土、泥炭土加粗沙。

肥料

较喜肥。施肥主要是在春、秋季，薄肥勤施，可半月1次。生长期间多施氮肥，孕蕾期多施磷钾肥，休眠期不施肥。施肥时，盆土应干燥一些，不能过湿，也不要触及叶片。为了方便，平时可在盆土内埋入颗粒复合肥，每月15粒即可。

修剪

花谢后，将残花连同所在的叶片剪除。若叶子上还有花蕾，则要暂时保留这个叶片。茎节较长的，可以再往下剪掉1～3节。弱枝、病节等不要保留，新枝过密、花蕾过多也要适当删除。

繁殖

多采用扦插繁殖。扦插时间多在春、秋季，其他时间也行。选取健壮的茎节1～2段，晾干伤口后插入基质，容易成活。若植料潮湿，可以不浇水。

病虫害

常见红蜘蛛，空气干燥、炎热，易发生。可喷施氧化乐果防治。

选购

购买蟹爪兰时，要注意两点。一要挑选基部木质化程度比较高一些的，二是植株的稳定性要好。这样的苗子，比较好养。买回来后，先要放在阴凉通风处，再给盆土以及茎秆喷一次代森锰锌等杀菌药。喷水或喷药时要注意避开花蕾。

TIPS

不少人买回了花蕾很多的苗子，长势也不错，但过不了几天花情大变，掉蕾黄叶，这是没有缓苗造成。

移栽或换盆

换盆可以选在花期过后的3～6月，将根部上的旧土抖落掉1/3左右。换盆后先不用立刻给它浇水，土壤微干燥有利于植株更好地舒展恢复，养护一周后适当给水。也不要立刻见太阳，可以给它适当的散射光。蟹爪兰属浅根系植物，因此不可使用深盆或大盆，否则易积水烂根。

Q&A 疑难解答

如何延长蟹爪兰开花时间？

如果将已经开花的植株放置在5℃的温度下，能使花蕾缓慢开放，可延长开花时间约半个月。

芦荟

Aloe vera

别　名 白夜城、中华芦荟、库拉索芦荟

类　型 多年生常绿肉质草本

科　属 百合科芦荟属

原产地 非洲南部、地中海地区、印度

花　期 7～9月

果　期 7～9月

温度及光照

喜光，喜温暖，也耐半阴，忌阳光直射和过度荫蔽。

生长适温15～35℃，低于10℃生长停止，冰点以下会被冻死，冻伤的表现就是叶片变黄、发软直至溃烂。我国除华南、西南一带可地栽外，其他地区只作温室花卉栽培。室外放置的芦荟，3～5℃时要进屋。冬季，家中有暖气可正常管理。

水分

耐旱，离土后放置数日无妨。浇水要视盆土情况，干透浇透。即使是在夏季，也不需要每天浇水。宁干勿湿，少浇水。芦荟一般不会因干旱而死亡。芦荟生长期需要充足的水分，但不耐涝。高温、低温期间，都要少浇水或不浇水，以喷水为宜。

对空气湿度要求不高，不需要顾及。但暖气屋里的湿度很低，有时会低于30%，所以也要适当喷水。

土壤

对土壤要求不严格，以疏松透气、有机质含量高的土壤为宜（pH6.5～7.2）。

盆土配置可以用园土、腐殖土、营养土等量混合，可以适当再加点草木灰或沙粒。盆土不能板结，但也不可过于松散，否则不利于保水保肥。只用营养土和河沙也行，沙粒不要太细。

肥料

不需经常施肥，春、秋季20天左右施肥1次即可，以氮肥为主，促进长叶。高温和低温阶段不需要补肥。要适当补充锌、钙、锰等微量元素，盆土里最好能拌入细碎的蛋壳。光照不足、缺乏钾肥，芦荟会长得很高，甚至倒伏。

修剪

花谢之后剪掉上部花葶，下部花葶让其自然枯萎。黄叶、枯叶要剪除。

繁殖

以分株最为简单。分株可在春季换盆时进行，从老株上选取基部的侧芽连同部分根须移栽。

扦插以枝插为好，叶插的发芽和生长很慢，一般不采用。扦插时切口最好消毒，晾干后插入基质，放于阴凉通风处，保持湿润。

病虫害

病虫害不多，多为通风不良造成，主要是褐斑病。

选购

挑选叶片厚实，刺坚挺、锋利，根系发达的健壮植株。

移栽或换盆

可在春、秋季换盆，不过最好在春季（4～5月）换盆，连同分株一起进行。换盆前一周，一定要注意停止浇水。去掉根部表面的旧土，如果发现有烂根，一定要将其全部剪掉。

Q&A 疑难解答

芦荟有什么功效？

《本草纲目》记载芦荟性寒、味苦、无毒，有清热解毒、明目镇心、杀虫去疳的作用。

目前已知芦荟中含有160多种化学成分，具有药理活性和生物活性的成分就有100种左右。芦荟的生物活性成分主要分布于黄色汁液、凝胶和外皮中。

牵牛花

Ipomoea nil

别　名 朝颜、碗公花、喇叭花、勤娘子

类　型 一年生或二年生缠绕性草本

科　属 旋花科牵牛属

原产地 美洲热带地区

花　期 6～10月

果　期 6～10月

温度及光照

喜阳光充足、气候温和的环境，稍耐阴。生长适温22～34℃，也耐高温，不用遮阴。10℃以下生长停止，不耐寒，冬季枯萎。种子的发芽温度在20℃以上。

水分

见干见湿，忌积水。生长期要保持盆土湿润，夏季是否每天都要浇水，要看盆土的持水状况。

土壤

对土壤的适应性强，较耐干旱、盐碱。根系较深，盆花适合疏松透气、深厚肥沃的微酸性沙质土壤，可使用泥炭土或营养土加椰糠，也可用园土、腐叶土加河沙。

肥料

薄肥勤施。因花期长，所以施肥次数较多，可半月1次。上盆时要放底肥，平时以复合肥为主，氮肥少用。

苗期以氮肥为主，花期以磷钾肥为主。若迟迟不开花，应喷施磷酸二氢钾等叶面肥。

浇水或施肥时，要避免泥浆或肥液沾染叶片。

修剪

盆栽要注意摘心，以促发侧枝，高度达到10厘米时就得进行。侧枝过长也应打顶。残花、黄叶要及时去除。

如有必要，可立支架，其缠绕方向与金银花相反。各种形状的支架，都可以从网上买到。也可将花盆放置于护栏旁。

繁殖

以播种繁殖为主。

病虫害

病虫害不多，主要有褐斑病、介壳虫等。

选购

如今的牵牛花，品种很多，株型各异，是篱笆、院墙、栅栏、棚架等垂直绿化的优良花卉，既适合地种也适合盆栽，可根据自身需要挑选。

移栽或换盆

牵牛花的种子坚硬，可先在水中浸泡一夜。春季播种繁殖，待叶片长出时移栽入盆，一般1盆种2棵即可。

Q&A 疑难解答

矮牵牛是牵牛花么？

牵牛花和矮牵牛花形相似，习性也相似，不耐寒，喜阳，两者养护方法基本一致。因此很多人都将两者视为同一种花，只是一个爬藤一个不爬藤而已。但其实矮牵牛为茄科矮牵牛属；牵牛花为旋花科牵牛属。矮牵牛花为多年生草本植物，株高仅有40～60厘米；牵牛花为一年生缠绕性草本植物，茎攀缘而生，长可达3米左右。矮牵牛需要长期且充足的光照，对光照的要求比牵牛花更高。

Q&A 疑难解答

牵牛花的颜色为什么会变？

花的颜色受制于花青素，花青素是水溶性物质，这种色素的颜色会随细胞液的酸碱度变化而变化。同一品种的牵牛花在酸性土壤中开出的花朵颜色与碱性土壤里的有所不同。同一朵花，早中晚的颜色也会有变化，牡丹、月季、牵牛等都是如此。

飘香藤

Mandevilla laxa

别　名　红皱藤、双腺藤、双喜藤、文藤
类　型　多年生常绿藤本
科　属　夹竹桃科双腺藤属
原产地　美洲热带地区
花　期　几乎全年
果　期　不结实

温度及光照

强阳性植物，需在全日照的环境下养护。喜温暖和光照，也耐半阴。耐热、耐晒。

生长适温20～34℃，高温时节，盆栽飘香藤可根据具体生长情况适当遮阴。很不耐寒，低于10℃会有落叶，5℃以下就会出现冻害，冬季应入室养护，也可放置于南阳台。华南地区可露地栽种。

水分

不干不浇，浇则浇透。夏季要多浇水和喷水，空气湿度不宜低于40％。干燥时节应予喷水，包括盆体和花盆周围。花期不要过多浇水，保持盆土微微湿润即可。

室外栽培不宜植于过于低洼的场所，以免积水引起根部缺氧。

土壤

对土壤的适应性较强，但以疏松肥沃、排水良好的沙质土壤为宜。盆土配置可使用腐叶土或泥炭土加入河沙，也可用泥炭土或塘泥、营养土、河沙混合。

肥料

飘香藤生长速度较快，应薄肥勤施。少用氮肥，多用磷钾肥，平时可在盆内放入缓释型多元复合肥。花期及休眠期停止施肥。

修剪

花后修剪。分枝能力不强，对1～2年生的小苗要轻剪，多年生老苗可重剪，以促发新枝。

一般应在盆内放入支架，这样可以更好地促进生长，姿态也显得更为漂亮。它的茎秆柔软而有韧性，容易在花架上编织造型。

繁殖

以扦插繁殖为主，扦插时间以夏季为宜，要选取半木质化的枝条，短截，有1个芽点即可。

病虫害

病虫害很少，偶尔会出现叶斑病和红蜘蛛，防治容易。

选购

花市常有大叶飘香藤和小叶飘香藤，而所谓的小叶飘香藤其实就是红蝉花。大叶飘香藤的叶片有明显的褶皱，叶片较大；小叶飘香藤的叶片较光滑，叶片较小。大叶飘香藤的花朵较大，花量小，香味浓；而小叶飘香藤的花朵小，花量大，没什么香味。如果发现自己种的飘香藤不爱爬藤，那么就该考虑是小叶飘香藤了。

大叶飘香藤

小叶飘香藤

移栽或换盆

宜在春季换盆，脱盆后要保留护心土，上盆后浇一次定根水，放置阴凉通风处缓苗。

Q&A 疑难解答

飘香藤有毒吗？

夹竹桃科的植物含有多种生物碱，一般是有毒的，但只要不误食是没有危险的。汁液里的毒素多一些，花朵的毒性很弱。儿童不可玩弄，成人也不能当作偏方拿来煎服或外敷用以治病。汁液有毒，如有触及应当洗手，剪枝时最好戴手套。

既然有毒，那么为何还要栽植呢？它的生命力强，病虫害极少，地栽、盆栽都可以，地栽的几乎不用管理。它的花期长，观赏性好，还能抗油污、烟尘、有害气体，是城市绿化的优良树种。

图书在版编目（CIP）数据

老花匠的养花笔记／马传新编著．—北京：中国农业出版社，2022.10（2023.4重印）

ISBN 978-7-109-29855-2

Ⅰ.①老… Ⅱ.①马… Ⅲ.①花卉－观赏园艺 Ⅳ.①S68

中国版本图书馆CIP数据核字（2022）第149550号

LAOHUAJIANG DE YANGHUA BIJI

中国农业出版社出版

地址：北京市朝阳区麦子店街18号楼

邮编：100125

责任编辑：郭晨茜

版式设计：郭晨茜　　责任校对：吴丽婷

责任印制：王　宏

印刷：北京中科印刷有限公司

版次：2022年10月第1版

印次：2023年4月北京第2次印刷

发行：新华书店北京发行所

开本：880mm × 1230mm　1/32

印张：6.5

字数：250千字

定价：32.00元

作者简介

马传新，男，1945年生，安徽合肥长丰人。曾任安徽广播电视大学副校长、副教授，曾在英国纽卡斯尔大学、开放大学做高级访问学者。系中国科普作家协会会员、安徽省作家协会会员。写作功底扎实，知识面广，作品题材多样。在《人民日报》《光明日报》《文汇报》《安徽日报》《读者》等多家报纸、杂志发表文章近千篇。著有《正向思维看人生》《精彩人生》等图书；合编大型工具书《诺贝尔文学奖辞典》，参加编写过中学生科学素养教材。自小爱花，退休后潜心养花，小有成就。《新安晚报》《安徽商报》《市场星报》《合肥日报》《合肥晚报》《江淮晨报》以及安徽电视台、合肥电视台等多家媒体都对他的养花情况作过报道。